采煤机网络化智能设计与分析

范秋霞 著

煤炭工业出版社

·北 京·

内 容 简 介

本书介绍了面向服务架构的采煤机智能设计与分析方法，从采煤机零部件的结构特点出发，在面向服务思想的基础上，利用本体论对采煤机零部件 CAE 分析领域知识资源进行建模，通过对概念名、属性、结构、实例相似度的综合量化解决知识异构问题，建立结构-语义-属性-实例集成规则，完成采煤机零部件 CAE 分析资源本体的集成，实现采煤机零部件 CAE 分析资源的共享和重用，在此基础上，提出适用于采煤机零部件 CAE 分析的数据交换方法，最后构建采煤机零部件 CAE 分析服务模型，提出多 Agent 支持的服务方法，从而解决采煤机零部件智能 CAE 分析的关键问题，提高分析系统的分析效率。

本书可供从事煤矿机械设计与研究的科研人员、工程技术人员，高等院校机械工程专业的研究生、本科高年级学生参考使用。

前　言

　　目前，我国煤炭行业机械化率已达到 70%，但综采化水平与世界水平仍存在较大差距，其中，我国综采率约为 40%，世界平均综采率已超过 80%，有些国家综采率甚至达到 100%。煤炭行业的机械化不仅可以降低生产者的劳动强度，增强生产中的安全性，还可以达到降低消耗、提高产量和效率的目的。采煤机作为煤矿生产机械化的重要设备之一，属于机械、液压和电气集为一体的大型复杂系统。近年来，我国采煤机行业发展迅速，截至 2010 年，全国采煤机生产企业多达 24 家，销量约800 多台，产能约 1500 台。我国采煤机行业由于受计划经济时代的影响，行业竞争态势平稳，导致我国采煤机行业技术水平低，且生产产品单一。虽然近年来我国采煤机技术有了很大提升，但与国际采煤机生产巨头相比，我国采煤机生产企业在技术研发、产品可靠性和稳定性上仍存在明显差距，这一缺点在露天煤矿采掘设备方面更为明显。

　　采煤机设计包括结构设计和 CAE 分析等，其合理性是保障采煤机产品可靠性和稳定性、提高采煤机生产企业效率的重要因素之一。而我国采煤机整机及其零部件CAE 分析结果的准确性和可靠性主要依靠设计专家的经验和设计人员对软件的掌握程度，采煤机生产企业应用系统对采煤机 CAE 分析知识的需求是各自制定的，缺乏统一完整的知识定义和表示，知识重复存储，共享不便，致使采煤机整机及其零部件的设计周期长，效率低，缺乏国际市场竞争力。如何应用智能技术将分散于各个企业的采煤机设计分析资料、专家的设计经验和技术等资源规范统一表示，实现采煤机 CAE 分析知识资源的共享与重用，并合理利用知识资源实现采煤机整机及其零部件 CAE 分析的智能化，是采煤机现代设计方法的重要研究方向之一。

本书从采煤机零部件的结构特点出发，在面向服务思想的基础上，利用本体论对采煤机零部件 CAE 分析领域知识资源进行建模，通过对概念名、属性、结构、实例相似度的综合量化解决知识异构问题，建立结构-语义-属性-实例集成规则，完成采煤机零部件 CAE 分析资源本体的集成，实现采煤机零部件 CAE 分析资源的共享和重用，在此基础上，提出适用于采煤机零部件 CAE 分析的数据交换方法，最后构建采煤机零部件 CAE 分析服务模型，提出多 Agent 支持的服务方法，从而解决采煤机零部件智能 CAE 分析的关键问题，提高分析系统的分析效率。

本书得到山西省科技基础条件平台项目（项目编号2010091014）和山西省重大科技专项项目（项目编号20111101040）的资助。太原理工大学机械工程学院杨兆建教授对本书内容的编写提出了指导性的意见，出版社的编辑对本书的出版提出了很多中肯的修改意见，在此一并感谢！

　　由于时间关系，书中错误之处，敬请读者批评指正。

作　者

2017 年 8 月

目　　次

1 绪 论

1.1 引言

工业和信息化部装备工业司、工程机械工业协会发布的"十二五"规划中重点提及了加大技术改造力度,加强关键零部件攻关、共性技术研发等内容。在我国,高等院校及科研机构主要承担着技术改造及技术研发等重担,企业则承担着产品制造与销售等重担,企业在制造时很难从高等院校及科研机构及时获取有效的帮助。在此情况下,一种基于 Web 的 CAE 应用系统[3]应运而生,此系统能够及时、快速地使企业与科研机构进行沟通,从而使企业及时获取所需要的信息,加快生产速度,并且此系统还能使得企业减少在科研方面投入的资金。将采煤机和基于 Web 的 CAE 系统联系起来,实现对不同采煤机不同零部件的分析研究,目前仍是现代采煤机研究方面的一个空缺。本书通过建立基于网络的学术交流服务平台,将采煤机的设计资源进行整合,完善了采煤机分析服务和 CAE 分析技术服务体系,为企业提供了 CAE 共享基础条件支撑和科研、设计、制造、设备运行分析的手段,从而提高了采煤机的质量和生产效率。

1.2 采煤机网络化智能设计与分析研究的背景与意义

对采煤机整体和零部件的设计与分析问题,企业一般均通过专业的软件来进行解决,但企业在使用专业软件方面存在很多的误区,这些误区主要包括对软件的盲目使用性和更新滞后性等。企业在选择专业软件时没有考虑企业的实际需求而是一味地与大公司相比、与国际接轨,一旦购买了专业软件就要求软件更新、更专、更全,这样就造成了大量的资源浪费。而对于中小企业来说，其资金比较紧张，没有足够的资金购买最新的专业软件，使得中小企业与大公司之间出现技术的断裂，中小企业设计制造的零部件无法满足大型企业的要求，这样将影响企业的制造水平和产品的市场占有率。

鉴于上述情况，为了缩小中小企业和大型企业间的差距，提高采煤机的整体研究、生产水平，建立采煤机零部件 CAE 智能分析系统迫在眉睫。而现有的 CAE 分析方法不能完全满足采煤机零部件 CAE 智能分析的要求，主要体现在：

（1）采煤机整机及其零部件的结构设计知识、维护与维修知识、CAE 分析知识等资料分散，没有实现有效的管理和应用。多数技术以书籍或文档形式保存，甚至以抽象的形式保存于专家的头脑里，知识资源管理的落后导致了采煤机零部件 CAE 分析知识的分裂，使得知识资源出现易流失和难共享等问题。

（2）采用传统的 CAE 分析方法，主要依据专家的设计经验来进行设计分析，由于专家的个体差异性，导致采煤机 CAE 分析知识、结构名称等没有完整的描述，知识表示难以实现统一，致使采煤机的 CAE 分析缺乏科学的理论依据，不能满足采煤机零部件 CAE 智能分析的需求。

（3）目前市场上面向对象、面向过程、面向功能的智能分析方法，虽能实现简单的智能分析，但是存在缺乏协调性、分析任务划分过细、分析时间过长、对设计人员的专业知识要求过高等缺陷。

因此，作者提出面向服务架构的采煤机零部件 CAE 分析方法，从采煤机零部件的结构特点出发，在面向服务思想的基础上，利用本体论对采煤机零部件 CAE 分析领域知识资源进行建模，以及通过对概念名、属性、结构、实例相似度的综合量化解决知识异构问题，建立结构-语义-属性-实例集成规则，完成采煤机零部件 CAE 分析资源本体的集成，以实现采煤机零部件 CAE 分析资源共享和重用，在此基础上，提出适用于采煤机零部件 CAE 分析的数据交换方法，最后构建采煤机零部件 CAE 分析服务模型，提出多 Agent 支持的服务方法，从而解决采煤机零部件智能 CAE 分析的关键问题，提高分析系统的分析效率。

本方法是在多种新型技术支撑下对传统 CAE 分析模式的一种根本改进。适用于采煤机零部件复杂结构特点的 CAE 分析，该方法的研究意义重大，主要体现在以下方面：

（1）有助于采煤机 CAE 分析知识和技术的共享和重用。

面向服务架构的采煤机零部件 CAE 分析方法将专家的设计分析经验和知识，以及分散的知识资源进行标准化表示，构建了本体模型，实现了采煤机 CAE 分析知识和技术资源的共享和重用。

（2）探索了采煤机壳体类零件几何模型的数据交换方法。

深入分析采煤机壳体零件的几何形状及结构关系特点，提出一种补模式-LOD 几何模型的数据交换方法，为智能 CAE 分析系统提供技术基础，为解决曲面零件以及更复杂零件几何模型的数据交换提供理论基础。

（3）提高了采煤机零部件 CAE 分析的智能性。

通过二级映射方法，将采煤机零部件 CAE 分析模型转化为基于面向服务架构的服务模型，在多 Agent 技术的支持下，实现了面向服务架构的采煤机零部件 CAE 分析智能化，并采用基于特征依赖图的检测方法检测智能系统中可能出现的冲突，通过自动协调和人机对话方式消除冲突。

1.3 国内外采煤机设计方法研究动态

1.3.1 采煤机现代设计方法

20 世纪 60 年代初，日本及欧美国家学者对现代设计方法学进行了探索、研究和实践，促使现代设计方法学得到飞速发展[4]。将系统工程融合于现代设计方法学中，实行人-机-环境系统一体化设计。该方法能有效利用动态分析方法，实现动态设计分析；实现设计过程和设计战略、设计方案和设计数据的选择等优化；实现计算、绘画等计算机化。现代设计方法的特点主要有程式性、创造性、优化性、综合性、系统性等。

由于国际市场的需求和客户对产品的外观、寿命、可靠性、生产周期等要求越来越高，以及新型技术的不断更新，以计算机与电子控制为代表的现代科学技术与产品设计及制造的相互融合，促使传统的设计制造技术演变为跨学科的集成化的现代设计制造技术。如今先进设计制造技术主要表现在集成化、柔性自动化，智能设计分析，网络协同，虚拟仿真制造等。现代设计技术是现代制造技术的关键，电子和 Internet 控制技术的不断更新，产品设计和制造模式也不断改进，人们对资源、自然环境的关心和对产品复合性能等功能方面的要求，将随之变化。现代设计技术的发展方向如下[5]：

（1）突变论是现代设计方法的关键技术之一，主要应用于定性的方案决策、系统设计。

（2）现代设计技术的前提是具有高度综合性的信息论方法。它主要以信息的获取、变换、传输、处理等为主要问题，以预测技术法、信息合成法、信息分析法为常用方法。

（3）系统法是从系统的整体角度对系统进行分析并用整体的观点去解决各个分支具体问题的方法。其中系统指的是具有特定功用的、相互联系又相互制约的一种有序整体。设计方法主要有模式识别法、系统分析法、逻辑分析法和系统辨识法等。

（4）离散论方法是现代设计方法细解的精细设计，主要有有限元法、子模态分析法、离散优化及其他离散数学技术等。

（5）智能论方法是现代设计的核心，应用智能理论可实现计算机求解、设计、控制等[6]。

（6）控制论法重点研究动态信息与控制、反馈过程，以使系统在稳定的前提下正常工作。常用的方法有动态分析法、柔性设计法、动态优化法等。

（7）对应论法是以相似或对应模型作为思维、设计方式的科学方法。常用的方法有科学类比法、相似设计法、模拟设计法等。

（8）模糊论法是将模糊问题量化求解的科学方法，主要用于模糊性参数的确定、设计方案的综合性能评价等方面。常用方法有模糊分析法、模糊评价法、模糊控制法等。

由于将上述现代设计理论引入采煤机整机及其零部件的设计分析中，可大大节省设计时间、提高采煤机的设计和制造水平，因此，成为国内外采煤机领域专家、学者研究的热点。美国宾夕法尼亚州立大学的 Somanchi、Sriradha[7] 等人构建了采煤机及滚筒数据库，为滚筒的设计提供了可靠的理论依据。伊朗哈马丹科技大学的 Hoseinie、Seyed Hadi[8] 对采煤机滚筒可靠性现代设计方法进行了研究。我国辽宁科技大学的李丽娟[14-15] 和太原理工大学机械工程学院的杨兆建[9-11] 等人则对采煤机智能设计系统、可靠性、优化设计等进行了研究。目前，常用的采煤机现代设计方法大致有：

（1）数字化采煤机设计法。数字化的采煤机设计需要对采煤机的确定性和非确定性变量进行描述和构建数学模型，非确定性变量包括：工作载荷的随机变量、随机过程、专家经验的模糊变量等。应用数学模型解决在不同工况下采煤机整机及其零部件的可靠性、疲劳和故障诊断问题，为后续的动态设计提供必要的理论依据[12]。

（2）智能化采煤机设计法。智能化的采煤机设计主要包括：研究和完善采煤机类型和零件的设计经验、设计手册、国内外设计动态等知识和技术；研制智能建模、分析等专用功能的高级软件（如研制模糊信息、现场分析数据、市场信息的获取和表示技术，智能 CAD/CAE 专用平台和应用软件等）。目前采煤机智能化设计系统方法包括面向知识工程[9-11]、面向本体[13]、面向服务等方法。设计知识库的建立以及信息的获取方法包括模糊论、规则论、离散论等。

（3）采煤机优化设计法。采煤机优化设计主要包括多维无约束优化、多维约束优化、多目标优化和离散变量优化等优化方法[14-15]。

（4）基于 Web 的采煤机并行设计及协同设计法。由于该方法使用了 Internet、Web 和可视化等技术，从而实现了处于不同地域的设计成员在网络共享的条件下协同设计、相互交流、分工合作、并行开发，从而大大缩短了采煤机的开发周期，提高了采煤机的综合性能，降低了设计成本。该设计方法的实现需要多学科多领域的专业人员参与，包括概念设计人员、详细设计人员、制造加工人员及用户等。

（5）采煤机虚拟设计技术和仿真虚拟试验方法。基于 Internet 的 CSCW 技术、CAD/CAE 集成技术、知识获取与表示、网页设计、虚拟现实技术和分析服务管理技术融合于一体，实现采煤机设计分析的虚拟化。该方法首先构建采煤机整机及零部件的仿真模型，利用计算机仿真和 CAE 分析软件对各种工况进行分析，得到量化受力和变形等情况，最后制作采煤机的物理样机。

1.3.2　面向服务架构方法

1996 年 Gartner 最早提出了面向服务架构 SOA 这一概念，顾名思义，SOA 是面向服务的架构，是技术应用和业务构架的综合体现。至今 SOA 还没有一个统一的被学者们广泛认可的定义。SOA 通常被认为是一种组件模型[20-21]，通过"服务"间设定的接口技术和协议，将应用程序中各种功能的"子服务"联系起来。如图 1-1 所示为 W3C 发布的 Web 服务架构 SOA，基于两种基本角色和一个可选的服务注册中心[22]。诸多学者、专家和机构对 SOA 从不同的研究方向进行了详细描述，具有较大影响力的描述如下：

IBM 认为：SOA 是一种 IT 体系结构风格，这种结构增加了企业信息和业务之间的联系，将企业业务转换为一组相互联系的服务或可重复性的任务，以面向服务为原则实现系统之间的联系，通过 Web 可以在需要时调用系统提供的服务，从而在随机改变客观条件和用户需求下，使服务具有快速响应能力[23]。

Oracle 认为：以 SOA 为基础，企业可以享用可重用的、有针对性的业务流程和服务，从而增强企业的运作能力和业务能力。
SOA 具有良好的更新能力、智能交互性和高度可集成能力[25]。

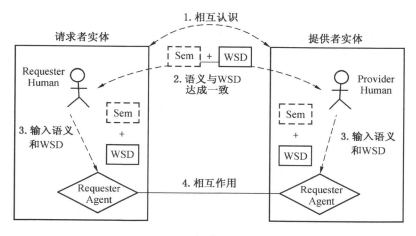

图 1-1 Web 服务的架构 (SOA)[154] (2004 年 2 月 11 日由 W3C 发布)

OASIS 认为：SOA 表示一系列服务已知的、企业级的分布式
计算的最优实践原则和模式，其关键技术表现在网络传输、服务
描述、互操作标准、业务流程、协同、集成、工作流程建模和其
他支持敏捷编程的标准化[26]。

文献［27］给出了 SOA 的定义：多个服务的集合，即服务
之间利用单一的信息传输，或者是若干个服务协调完成特定的功
能。因此，服务就是精准定义、封装完好、独立于其他服务所处
环境和状态的函数 (Service-Oriented Architecture Definition)[27]。

文献［28］定义 SOA：按需要将资源连接的系统，其他成
员可以利用 Internet 通过规定协议随机使用服务，因此面向服务
构架使得资源的松耦合关系更加灵活[28]。

SOA 模型一般包括服务提供者 (service provider)、服务请求
者 (service requester) 和服务代理 (service brocker) 三种角色，
如图 1-2 所示。

（1）服务提供者：根据接口契约来发布可提供的服务，并

且对使用服务的用户请求做出快速响应。

（2）服务请求者：服务请求者（service requester）是一个应用程序或一个软件模块，利用服务代理（service brocker）搜索查询服务，根据协议来使用服务功能。

（3）服务代理：注册与发布系统服务及其提供者（service requester），将所提供的服务完成分类，并能实现搜索服务功能。

（4）发布：使服务提供者（service requester）可以向服务代理（service brocher）注册自己的功能及访问接口。

（5）查找：服务使用者（service requester）可以通过服务代理（service brocher）查找特定服务。

（6）绑定：使服务使用者（service requester）能够调用或激活服务。

（7）服务描述：声明接口特征和各种非功能特征（如安全要求、事务要求等），以此来帮助服务使用者（service requester）搜索特定服务的服务提供者（service requester）。

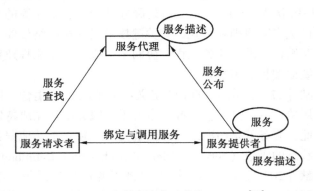

图 1-2　面向服务的体系结构（SOA）[21]

毛新生在文献［30］中给出了如图 1-3 所示的概念层次，其将功能方面所涉及的对象、组件、数据、界面、业务流程等要素按照服务的提供者和消费者角度进行层次划分，并提出了安全构架、集成构架、数据构架、服务管理和服务智力等不同的层次。

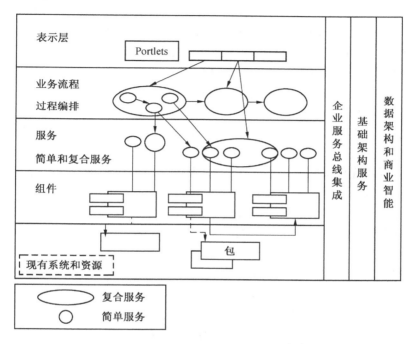

图 1-3　面向服务架构的概念层次[30]

面向服务架构概念和技术的不断成熟推动了面向服务架构在各行业系统和软件开发的应用。

日本的 Mardiana、Araki. Keijiro 等人将模型驱动体系结构和面向服务架构相结合，利用面向服务的开发方法开发了 Web 应用程序接口，有助于 Web 服务的调用，实现了两个应用程序的互操作性[157]。

加拿大的 Al-Otaibi、Noura Meshaan 等人提出面向服务架构整合不同来源的生物数据，使得科学家灵活而准确地对异构资源和先进数据进行远程和本地访问[155]。

美国的 Vaidyanathan、Ravi 等人为了分析和评价基于 SOA 性能的信息服务和设计，阐述了一种新的建模和分析框架，该框架构建了 SOA 和网络基本结构，体现了 SOA 的交互性[158]。

德国的 Offermann、Philipp 等人在现有的方法和理论基础上，引入了 SOA 的思想改进信息系统设计方法，弥补了不足。该方法经过测试以及欧洲能源三大公司的试用，证明了基于 SOA 的信息系统设计具有有效性和实用性[156]。

文献［71］提出了面向服务的机械结构快速设计分析模式。该模式利用面向对象和面向服务相结合的方法建立了分析资源，实现了资源共享，并在此基础上提出了可重用的快速分析服务方法。南京理工大学的韦韫应用面向服务架构技术建立了网络化制造资源优化系统集成框架[82]，实现了面向用户需求的网络化资源检索，并设计了系统的通信机制，将该系统应用于某航天企业。江苏大学的邓效忠教授基于 SOA 实现了螺旋锥齿轮的网络化制造，提高了齿轮的加工质量和生产效率[160]。重庆大学的鄢萍教授带领他的团队借助面向服务思想构建了由资源层、技术层、求解层和用户层组成的滚齿机故障诊断模式[159]，开辟了故障诊断新模式，提高了诊断效率。

1.3.3　资源建模方法

资源模型是在 Web 和信息理论的基础上，构建的资源集成、共享和重用数字化模型，以及其需要的资源结构形式、资源能力、资源状态、资源属性、共享特性、资源对象内容和关系等。资源建模是通过定义资源实体及资源实体间的关系描述企业的资源结构和资源组成，即建立描述资源模型的方法与技术。P. P. Chen 于 1976 年首先提出了一种实体-联系模型（简称 E-R 模型），其提供面向用户的不受任何 DBMS 约束的表示方法，并且常被用作数据建模工具。E-R 数据模型经过多次修改和扩充后，扩展关系模型、函数数据模型、语义关联模型等方法相继问世[31-33]。20 世纪 70 年代末 80 年代初，美国空军 ICAM（Intergrated Computer Aided Manufacturing）工程在结构化分析方法的基础上发展了 IDEF（ICAM DEFinition Method）方法[34]，包括描述系统的功能活动及其联系的 $IDEF_0$、描述系统信息及其联系的 $IDEF_1$、用于系统模拟的 IDEF$_2$ 和描述过程的 IDEF$_3$。1991 年 James rumbaugh 提出了面向对象分析与设计的 OMT (Object Modeling Technology) 方法[35],Booch 等随后提出了标准建模语言 UML (Unified Modeling Language)。UML 是在上述面向对象方法的基础上发展起来的,统一了各种方法对不同类型系统的不同开发阶段和不同观点,从而有效消除了各种建模语言之间的差异[36]。

1. CIM-OSA 资源建模方法

计算机集成制造系统开放式体系结构 CIM-OSA (Computer Integrated Manufacturin Open System Architecture) 和集成化企业建模 IEM (Integrated Enterprise Modeling) 等企业建模方法[36]的兴起推动了制造资源建模的发展,使其成为对过程模型、功能模型、信息模型和组织模型的重要补充。

Wu Yanmei 等人根据设备业务特点提出了基于 CIM-OSA (Computer Integrated Manufacturin Open System Architecture) 的装备采购信息模型。

Zhang Xueyan 等人则利用 CIM-OSA (Computer Integrated Manufacturin Open System Architecture) 构建了铁路物流信息平台参考模型,并且分析和探讨了该模型的应用。

2. 面向对象资源建模方法

面向对象资源建模是以对象作为基本的逻辑结构,将具有相同属性和操作的对象用继承性共享类中的属性和操作来描述。这种建模方法可以消除因表示不一致产生的分歧,减少了某对象资源和其他模型之间的依赖性。

Wilson 提出了对于 CIMS 系统中的特定部分,用面向对象方法建立资源模型[37]。

Liu Changying 等提出了一种制造资源模型的通用定义,分析产品开发过程中制造资源的需求,提出制造资源面向对象的表达[38]。Feng 等建立了制造资源的约束模型[39]。

戴毅如等人针对企业建模体系生命周期资源的重要性和必要性,提出了一种面向对象技术的资源建模方法,有效弥补了现有建模方法对资源建模的不足，并介绍了该建模方法的实际应用[42]。

3. 基于本体的资源建模方法

Wei Junying 等人通过对制造企业资源的定义和分类，结合本体在知识重用和共享的优势，定义了本体分类层次树。通过分析滚动轴承的性能特点，建立了基于本体的资源模型，为资源共享提供了良好的理论基础。

张太华在分析机电产品特点的基础上，结合本体论构建了机电产品知识模块本体模型，并通过企业应用证明了该模型的合理性和实用性[10]。

杨柳等人将模糊理论与本体论相结合，提出模糊顶层本体 FTO 语义建模方法，并通过模糊本体理论完成语义推理，提出了查全率和查准率较好的检索方法[162]。

潘文林等人通过分析其他建模方法的优点与不足，提出了面向事实的资源建模方法（FOOM 法），该方法具有自动合并功能和语义冲突自动检测功能。

利用本体映射方法可以解决知识的异构问题。众多专家对关于本体映射进行了定义和诠释。Rahm 等人给出本体映射的定义：两个不同本体的元素（概念、属性、实例或关系）之间发现语义对应关系的过程。映射过程如图 1-4 所示。

Ehrig 等人定义本体映射：给定两个本体 O_1 和 O_2，对于 O_1 中的每个实体（概念、属性、实例），能在 O_2 中找到相应的实体[52]。

Choi 等人论述了本体映射的定义及分类，并对各种本体映射的特征、测试工具、系统及相关的工作进行了比较[53]。

Stoutenburg 给出本体模块化定义：通过在各模块之间构建联系的关系桥，建立相应的本体映射方法，对本体进行更精确的操作和计算[54]。

周栩提出了一种自顶向下的本体映射方法，借助树、节点描述本体中的概念，并给出叶节点之间、非叶节点之间以及它们之

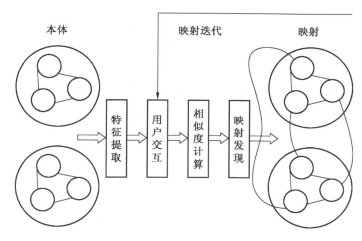

图 1-4 本体映射过程

间的相似度公式，概念整合后构建了本体映射模型[55]。

秦飞巍针对异构参数化特征模型难以检索重用的问题，建立了基于本体的特征表示模式，提出了一种新的特征本体映射方法，将产品模型特征信息进行统一的语义描述，建立基于本体的特征模型库，以有效地支持异构参数化特征模型的检索和重用[56]。

陈继文等人给出产品功能—行为—结构设计知识本体模型的定义，建立了产品设计知识库，并提出基于变型空间的功能—行为—结构本体映射，获得极大变型功能单元或者极大变型特殊功能单元[57]。采用分层递进的本体映射策略，实现产品的创新设计。

根据上述文献可知，映射对象不同，异构形式则不同，需要根据映射对象来确定不同的映射方法。为了解决采煤机零部件CAE 分析资源之间的异构问题，需要研究合适于它的本体映射方法。

4. 其他资源建模方法

除上述主流资源建模方法之外，还有基于 STEP、UML、

XML 和高斯过程等资源建模方法。

在 Web 环境下，Hiji. M 提出基于 Agent 模型的制造资源建模法，制造资源作为服务 Agent 提供制造功能，生产设备信息作为移动 Agent 控制生产过程[41]。

Kjiellberg. T 等建立了基于 STEP 的制造资源信息模型[40]。

王正成等人为解决跨企业网络化制造资源服务链的构建问题，提出了新的网络化制造资源服务链构建的数学模型，并改进了蚁群算法[43]。

王磊等利用统一建模语言 UML，建立了机载预警雷达系统目标探测跟踪过程模型[44]。

严丽等人基于模糊集等理论，提出了模糊 XML 模型，在给出映射规则的基础上，实现了模糊关系数据库到模糊 XML 模型的转化[45]。

刘新亮等人提出高斯过程元模型建模方法，大大缩短了高精度仿真模型的计算时间，并实现了该模型的构建[46]。

伍晓榕等人于 2013 年提出基于 IDEF 的分层递阶工艺成熟度建模技术。

激烈的市场竞争，使得企业不得不将主要核心资源用于关键技术，将非核心工作外包于其他企业，共同进行产品的开发、设计和制造，提高实力，并在合作过程中实现资源共享。资源共享是基于网络的资源分享，将分布在不同地域、机构中的知识和技术资源整合起来完成某一特定的任务。它解决了知识和技术资源的不平衡问题，促使资源在机构和组织之间的流动。

1997 年 S. Raje 在考虑资源共享算法时，提出通用资源共享的概念[47]。

Tsukada、T. K. 提出了在柔性制造单元中基于协商的资源工具共享方法[48]。

刘贵宅等提出了一种优先级资源的共享方法，以解决现场可编程门阵列内部复杂算术操作资源有限、RTL 级综合中面积优化太多等难题[49]。

侯文斌提出了基于 XML 的数据共享方案，该方案解决了 Web 知识和技术资源在不同系统间不能有效共享的问题[50]。

以上研究采用 CIM-OSA、面向对象、基于本体等技术构建了各个领域的资源模型，实现了资源共享和重用，为资源建模提供了理论基础。

1.3.4　模型数据交换方法

模型数据交换方法的合理性是实现网络环境下各种服务（如参数化建模、资源查询和共享、CAE 分析等）的关键技术，目前，国内外有代表性的模型数据交换方法如下：

1. 基于中性文件的交换方法

最早几何图形的数据交换中性文件格式是由欧美国家提出，例如法国的 SET 格式、德国的 VDAFS 格式和美国的 IGES 格式（initial graphics exchange specification）。之后在国际标准组织（ISO）的领导下，制订了产品模型数据标准：STEP（standard for the exchange of product model data，产品模型数据交换标准）。STEP（standard for the exchange of product model data）标准是产品信息建模和以面向对象为基础的软件实现的依据，目的在于提供一种独立于具体系统而又能完整描述产品数据信息的表示机制和实施的方法。它可以支持产品从设计、分析、制造、质量管理、测试、生产、使用、维护到废弃整个生命周期的信息交换与信息共享。但在设计和制造中，系统处理技术产品数据时，每个系统有各自的数据格式，所以相同的信息在多个系统中多次存储，必然会导致信息的冗余和错误。因此中性文件只能在特定条件下实现数据交换，无法实现灵活的、实时的数据交换。

2. 基于三角网格模型的交换方法

将三维 CAD 曲面模型转化为三角网格模型（Stereolithography），然后利用相应的压缩技术消除几何模型中的冗余信息，使得三维模型显示处理简单，传送数据量小，实现了三维 CAD 模型的快速网络传输。张必强[58]在上述理论基础上提出新的分布式协同设计，利用三角网格模型表示产品的三维曲面，建立了相应的信息传送接口和协议，实现了客户端和服务器之间的远程实时修改。

3. 基于高层语义历史的交换方法

异地计算机通过记录模型建立过程的操作命令序列和对操作命令序列的再执行，可以重新生成几何模型。这种交换数据的方法虽然数据传送量较小，但是相同的操作命令信息在不同的系统中执行结果可能会不同，因此无法实现结果统一。刘云华提出了利用产品的设计历史或设计过程来实现异地计算机之间的数据转换方法[59]。该方法将 A 系统中的特征模型，通过特征分解、转换，建立基于基本特征集合的特征建模过程，在 B 系统中自动重现上述过程，从而实现模型重建。记录并获取三维模型的建模操作过程，然后按照原过程重新构建模型，该过程称为高层语义数据交换方法。

4. 基于显式表示的特征数据交换方法

基于显示表示的特征数据交换方法，根据几何特征表示方式分为显式表示和隐式表示。显式表示：一般选择面作为几何基元，通过几何基元将所需的形状特征定义为一组相关的面集合，这些面集合可以通过 B-rep 模型来表达。隐式表示：利用形状特征参数来表达形状模型。隐式表示与显式表示的主要区别就在于其必须提供向显式表示转化的充足数据。因此数据交换时采用显式表示更直观灵活。如 2011 年重庆大学覃斌等人提出了 B-rep 建模方法，该方法基于轮廓劈裂和矩阵变换，解决了计算机辅助设计时设计数据重用中轮廓线搜索困难、轮廓线遗漏以及孔洞特征描述困难等造成重用效率低下的问题，从而提高了产品服务系统的自动化设计性能[60]。

而基于显式表示解决模型特征数据交换的关键问题之一是模型分解，而且对特征识别技术[63]、特征转换技术[64]和模型检索技术[65]有重要的意义。目前已有的分解方法主要有半空间法[66]、交替和差分解法[67]、单元分解法[68-69]和 CLoop 法。半空间法、单元分解法和 CLoop 法将模型全部分解为子实体之间的正向组合，这从设计和加工的角度来看并不合理，因为零件的形状构成应该同时存在负向组合。上述方法只能完成结构模型的简单修改，修改过程中可能会丢失模型的结构功能信息。

实现实时网络设计的关键技术之一是数据交换，数据交换的效率和准确度影响设计系统的客户满意度。近年来，众多专家和机构从各种角度提出各种数据的交换方法，但这些方法均不能满足采煤机复杂零部件的网络传送要求。本书介绍了一种新的采煤机设计方法，该方法可使交换信息在传送过程中更准确、更完整，大大减少数据量，提高传送速度。

1.4　小结

本章介绍了采煤机智能设计方法、资源建模方法、面向服务架构的应用和数据交换方法等国内外的研究现状，阐明了采煤机零部件 CAE 分析的研究目的和意义。

2 面向服务架构的采煤机零部件 CAE 分析模式

2.1 引言

20 世纪以来，我国采煤机械化逐年提高，市场上对采煤机的需求也日趋增加，采煤机的制造企业不断涌出，但这些企业的市场竞争力与国际采煤机制造商还有差距，其主要原因是：采煤机设计过程中不断重复建模-分析，延长了设计周期，增加了设计人员的人工成本，这是国内企业尤其中小企业面临的严峻问题。

近年来，计算机技术在制造业应用中的发展，促进了产品设计分析模式的改变。许多专家和学者提出了面向功能、面向过程、面向对象和面向服务等各种分析模式，为采煤机的设计分析技术的发展提供了新思路。

2.2 传统 CAE 分析模式

采煤机的设计分析模式包括面向功能、面向过程、面向对象和面向服务等模式。

面向功能的分析模式是以保证采煤机的适用功能和使用寿命等为主要目标，如发现设计不合理，则返回设计的某个阶段进行再设计[70]。这种分析模式存在以下问题：

（1）分析过程按照功能进行细分，这种细分使得完整的分析过程需要若干部门处理，延长设计时间，延迟了企业对市场的反应时间。

（2）分析模式以功能为中心，忽略了满足客户要求。

（3）功能细分至各个部门，各个部门工作集中解决各自的工作，部门之间缺乏协调。

面向过程的分析模式是以过程为中心，其设计思路是首先分析问题的步骤，然后将每一个步骤用各自函数来实现[70]。因此面向过程的设计分析模式涉及采煤机分析全过程，它能尽快找出问题的环节所在，解决面向功能的弊端[76,77]。但是这种设计分析模式要求各个部门员工具有更高的专业知识和使用分析软件的熟练度。

虽然面向对象的设计分析模式是由面向过程的分析模式发展过来的，但二者属于不同的分析体系。面向对象的设计分析模式是以对象为中心，解决了传统方法中对象和行为之间联系松散的问题，可以提高系统的可靠性、可理解性和可维护性，对提高设计分析效率等方面都具有重要的意义。

面向服务架构的设计分析模式在业务领域实现以客户为中心，在技术领域是分布式信息资源和计算能力整合的先进手段[71]。随着市场需求的不断提高，现代设计要求将服务的思想嵌入至设计分析中，其主要原因有：

（1）计算机技术的成熟应用促使设计分析软件的不断更新，建立分析系统，实现资源共享。

（2）面向服务架构的概念和应用不断完善，使其在企业中的应用成为可能。

（3）企业开发人员过多，导致开发成本过高。采煤机零部件 CAE 分析模式将开发时需要的计算机软件和对应的资源封装，实现远程访问，开发人员预先处理建模过程、模型简化、参数设置等，有效简化分析步骤，减少设计人员的工作量，提高分析计算效率。

面向服务架构的设计分析模式，基于 Web 实现了设计者、用户、企业之间的相互联系。通过将产品的不同分析过程进行封装，完成松散耦合问题的求解。

将 SOA 思想引入到采煤机零部件的 CAE 分析过程，该过程主要包括 3 个参与者：服务提供者、服务代理者和服务请求者；3 个基本操作：发布、查找、绑定。服务过程大致为：服务提供者发布自己的服务，并且为使用采煤机零部件 CAE 分析服务的请求进行响应；服务代理注册和发布服务及其提供者，对其进行分类，并且提供搜索服务；服务请求者利用服务代理搜索查询所需要的分析服务，进而根据需要使用采煤机零部件 CAE 分析服务。发布是使服务提供者可以向服务代理声明可提供的分析服务种类等信息及访问接口。查找服务使用者可以通过服务代理查找自己所需的关于采煤机零部件的 CAE 分析服务。绑定使服务使用者能够调用或激活分析服务。

面向服务构架对服务进行描述时需要注意：首先对服务提供者的语义特征进行声明。服务代理通过使用语义特征对服务提供者进行分类，根据语义特征来匹配那些满足要求的服务提供者，查找到采煤机零部件 CAE 分析服务；其次对服务声明接口特征进行描述，以访问采煤机零部件 CAE 分析服务；最后对服务的非功能特征进行描述声明，服务使用者通过接口特征和非功能特征查找服务提供者。

面向服务架构具有广泛的适用性、智能交互性、独立更新能力、完好封装性、开放标准与高度可集成能力、松散耦合性等技术特征。基于 SOA 的采煤机零部件 CAE 分析模式下，设计人员、后台管理员和用户、设计和网络等技术、系统管理、分析知识和技术资源都与服务有密切的关系。

表 2-1 列举了上述几种 CAE 分析模式的特点。

表 2-1　各种分析模式特点

CAE 分析模式	特　点
面向功能 CAE 分析模式	以保证产品适用功能和使用寿命等为主要目标，设计人员单独处理分析问题，缺乏沟通
面向过程 CAE 分析模式	以过程为中心，强调全局，设计人员可以集中处理分析问题
面向对象 CAE 分析模式	以对象为中心，克服了传统方法中对象和行为之间联系松散的缺点

表 2-1（续）

CAE 分析模式	特　　点
面向服务架构 CAE 分析模式	在业务领域实现以客户为中心，在技术领域是分布式信息资源和计算能力整合的先进手段，系统以用户体验为中心

2.3　面向服务架构的 CAE 分析模式

2.3.1　定义

服务的概念已被普遍接受，却未能给出服务的标准定义，其主要原因有：

（1）服务在不同社会领域有不同的解释，人们也从服务中受益。而面向服务架构中的服务，是网络和计算机时代的服务，也是现代市场经济的服务概念，将智能化和远程等新的思想和信息融入传统的服务。

（2）服务是无形产品，我们需要去感受才能体会到服务的存在，无法像评价产品质量一样去评价服务质量。

（3）服务常与技术、知识资源及操作过程同时出现，但其与技术、知识资源及操作过程的出发点和落脚点并不相同，因此很难定义服务。

（4）新型的服务除了传统意义的提供者和使用者之外，还与其他职能部门和技术人员合作，由于各职能部门的落脚点不同，无法形成服务的整体认识。

国际组织 W3C 认为一个服务是一个动作的集合，W3C 通过服务与其他相关元素之间的关系描述，明确表达该规范所认定的服务概念：一服务运行一个或多个任务；一个服务拥有一个服务描述；一个服务拥有一个或多个服务提供者；一个服务对应零个或多个服务请求者；一个服务有一个标识符，一个服务有一个服务的语义；一个服务有一个服务接口；一个服务有一个或多个表现为服务提供者的智能代理实现；一个服务通过消息交换而调用；一个服务有一个服务运行模型[72-74]。

架构是指由于某个特定的目标系统所作出的具有通用性、关系性的抽象意义的表现。根据定 IEEE471：架构是组件与组件之间以及组件与环境间的关系，引导设计发展原则中体现的系统的基本结构。通俗地说，架构包括：组件/结构，关系/环境，指导原则[75,76]。

面向服务架构是业务架构与技术应用架构的综合体现。从 1996 年 Gartner 提出的多层计算体现共享应用逻辑的架构风格，到 OASIS 定义强调的分布式统一管控能力，分别反映了面向服务架构的主要目的。较传统实体形式的应用设计架构，SOA 架构具有更高层的抽象性反映在其对服务的定义。服务是对具体操作层面的组件或元素进行的封装[77-81]。

随着信息技术的发展，计算机与网络成熟应用于传统行业。基于网络的面向服务技术与制造业互相融合，面向服务架构需要协调处理产品设计分析技术和对外业务关系，不能顾此失彼。产品设计是决定市场效益的关键环节之一，产品设计相关的知识和技术从私化扩展到共享，设计模式也随着计算机技术的发展从物理集中向分布式和动态柔性化方向发展，不同的客户对同一产品的设计分析可能会提出不同的要求，因此服务过程也随之改变。因此，面向服务的知识和技术资源整合和调用需综合考虑整个设计、分析、生产等过程。

结合服务架构的定义，给出了适应采煤机零部件 CAE 分析服务的定义。

服务是以客户为中心，为采煤机零部件 CAE 分析的活动集合服务，跨越企业和系统的局限，遵守一定规则，生成客户要求的各种分析文件和结果。服务定义为：

$$Service_i = \{Action_i, Config_i, Role_i\}, \ \forall i \in [1, M]$$

式中，M 表示所有服务的集合；$Action_i = \{Action_{i1}, Action_{i2}, \cdots, Action_{in}\}$ 表示动作组合，n 表示动作数量；$Config_i$ 表示服务动作之间的关系；$Role_i = \{Role_{i1}, Role_{i2}, \cdots, Role_{in}\}$

表示服务动作执行的成员组合，n 表示动作执行的成员数量。

动作是采煤机零部件 CAE 分析服务的相对独立的最小单元。动作需要一些角色执行，在系统允许范围内，可调配和利用分析知识和技术资源，将获取输入并转换为下游动作。动作定义为：

$$Action_{ij} = \{In,\ Out,\ Constr \mid \forall Action_{ij} \in Action_i\}$$

式中，*In* 表示用户通过界面输入的必要参数和信息，包括采煤机零部件的几何参数、边界条件、受力情况等；*Out* 表示系统为用户提供的分析结果文件和图片等；*Constr* 表示动作执行的约束条件。在分析服务过程中，一个动作只能被开始和结束一次。

配置是服务质量优劣的关键之一，它决定采煤机零部件 CAE 分析服务中各个动作时间的联系。定义为：

$$Config e_i = \{Action_{ij},\ Action_{ik},\ ConstrLink_{ijk},\ Rule_i,\ State_i,$$
$$FigOut_i\},\ Action_{ij},\ Action_{ik} \in Action_i$$

式中，$Action_{ij}$ 表示活动 $Action_{ik}$ 的前置节点；$ConstrLink_{ijk}$ 表示 $Action_{ij}$、$Action_{ik}$ 之间的逻辑连接约束；$Rule_i = \{Rule_{i1},\ Rule_{i2},\ \cdots,\ Rule_{in}\}$ 表示动作的调用规则；$State_i = \{State_{i1},\ State_{i2},\ \cdots,\ State_{in}\}$ 表示动作的节点状态和用户分析后输出的结果信息，n 表示上述信息的总数；$FigOut_i = \{FigOut_{i1},\ FigOut_{i2},\ \cdots,\ FigOut_{in}\}$ 表示搜索知识和技术资源的结果信息，n 表示资源搜索数目。

2.3.2 服务构成

服务是应用程序中不同功能单元的集合，也可以称为一种转化，将输入的客户要求转化为客户需要的结果信息。即采煤机零部件 CAE 分析工作者收集各类技术和专业知识，运用 CAD/CAE、网络等软件工具组成的系统，得到分析计算结果。服务主要由结构要素、组织要素、资源要素、信息要素和控制要素组成。结构要素指服务的组成元素和元素之间的相互关系；组织要素指组织的地点和机构；资源要素指采煤机零部件 CAE 分析中所需要的专业知识、技术、设计人员以及硬件。信息要素指分析时用户操作需要的参数、几何结构信息和分析结果信息；控制要素指采煤机零部件 CAE 分析活动的调用和控制方式。

2.3.3　服务建模方法

服务建模发源于结构化建模，但又区别于结构化建模，是对采煤机零部件 CAE 分析服务建立模型，侧重服务。过程建模是组织和记录系统过程的技术，面向知识获取关于采煤机零部件的结构、分析过程和原理，灵活应对采煤机零部件设计分析的功能变化。常见的过程建模方法包括面向对象方法、Petri 网建模方法、DSM 方法、IDEFO 方法、CPM 方法和 PERT 方法等。表 2-2 列出了各种建模方法比较。

面向服务架构的采煤机零部件 CAE 分析主要有两个要求：一是便于提供 Web 服务，二是能够提供采煤机零部件分析计算服务。通用的建模方法针对某一功能，分别通过特定的角度或层次建立模型，属于刚性建模，不能实现模型的快速修改，信息重用也难以实现，因此不能满足采煤机零部件 CAE 分析服务模型的要求。关于服务建模部分将在第五章详细介绍。

表 2-2　建 模 方 法 比 较

方法	建模概述	优　点	缺　点
面向对象方法	采用对象+类+继承+通信建立模型	对于业务服务中各种实体对象本身的描述详尽	常常需要和其他方法结合在一起使用
Petri 网	Petri 网是一种用网状图表示的建模工具，是离散事件动态系统（Discrete Event Dynamic System，DEDS）的描述工具，可以描述异步、同步、并行逻辑关系	可以方便地表达过程模型中活动之间的连接关系，适合于对动态性质的分析，刻画系统的语义	不适合于直接描述业务服务，在节点增加、相互关联过多的情况下复杂性会呈几何级数增长，流程的优化和导航成为非确定性问题等

表 2-2（续）

方法	建模概述	优 点	缺 点
DSM 方法	DSM 方法假定每个设计任务都能抽象成一个信息处理任务，用矩阵表达任务的输出和输入之间的联系	表达严谨，通过行和列操作提供一种优化产品开发的机制	需要预先完全定义好分解任务的优先关系
IDEFO 方法	具有一套从规划阶段到设计阶段各种分析工作的逻辑思想规则	可以表达采煤机零部件 CAE 分析过程中的功能结构，支持采煤机零部件 CAE 分析功能结构的构造和分解，具有较好的灵活性	环境和反复难以追踪，主要是面向服务的功能和行为要素，部分支持服务的信息要素，没有提供服务组织方面的描述
CP 和 PERT 方法	两者都是用来管理和控制项目实施计划的网络图方法	两者均基于项目活动及顺序关系协调活动的人员、资源等	不能表示采煤机零部件开发中其他关联约束

2.3.4 采煤机零部件 CAE 分析模式

传统采煤机设计分析由企业内部完成，企业之间知识和技术资源不能共享，很难适应激烈的国际市场竞争。为提高采煤机产品的市场竞争力，企业需整合网络以及各企业的多元技术资源。基于 SOA 的采煤机零部件 CAE 分析服务模式具有以下本质特征：①分析效率高：该模式整合了分析资源，验证选择了分析方法，有效控制了求解过程，保证了采煤机零部件较高的 CAE 分析效率；②结构柔性重组：采煤机零部件 CAE 分析是人员、技术和管理的有机结合，该模式下，客户可根据设计要求柔性选择分析模型、分析模块等；③分析资源重用性：该模式下，客户可以获得与采煤机 CAE 设计分析相关的资源。

基于 SOA 的采煤机零部件 CAE 分析将服务封装为应用程

序函数，整合重组与采煤机零部件 CAE 分析相关的知识和技术资源，动态形成高效率、低工作量的采煤机零部件 CAE 分析服务过程。其分析步骤如下：①根据采煤机的设计要求，将其分析服务过程分解成若干子任务；②分析资源寻优；分析资源由各自所有权不同的企业和个人所有，包括显性资源和隐形资源，隐形资源是指专家的设计经验和传统数据等，同一个采煤机零部件结构静态分析，不同企业均能分析得出结果，但其结果质量和效率却不同。为使分析结果达到最优，客户需建立自己的账户，账户下搜索数据库，找到所需信息。利用接口、网络集成和分析等技术建立集成系统，向用户提供采煤机零部件 CAE 分析服务，其中，分析模块的划分、分析服务资源的获取与表示、分析资源集成、分析软件与网络接口处理、服务封装等是该技术应用的关键。

基于 SOA 的采煤机零部件 CAE 分析模式在结构上分为技术层、工具层与应用层。技术层建立基于 SOA 的采煤机零部件 CAE 分析的技术体系，包括计算机辅助分析技术、网络技术、数据处理技术。计算机辅助分析技术包括采煤机零部件 CAE 分析资源的获取、表示、智能求解等。网络技术包括界面设计、接口设计、服务发现等技术。数据处理技术包括文字和几何数据获取、表示、交换等。工具层包括系统需要的 CAE 分析工具群、数据库构建工具群、网络工具群等；采煤机零部件 CAE 分析工具群包括采煤机零部件有限元静态分析工具、有限元动态分析工具和选型工具等。数据库构建工具群包括建立采煤机零部件模型库、CAE 分析数据库、分析知识库等所需要的工具。网络工具群包括网页设计软件、数据交换工具、接口技术所需要的语言工具等。应用层利用上述的工具和技术实现采煤机零部件 CAE 分析系统。

针对具体的采煤机零部件特点建立相应的分析知识库、模型库、数据库，构建采煤机零部件 CAE 分析系统，为企业提供智能化、个性化的分析服务。

2.4 小结

本章首先分析了面向功能、面向过程、面向对象和面向服务等 CAE 分析模式的特点和不足，在此基础上，结合采煤机零部件的结构和工况特点，建立了面向服务架构的采煤机零部件 CAE 分析模式，并给出其定义、构成，以及采煤机零部件 CAE 分析服务的建模要求。

3　采煤机零部件 CAE 分析
资源模型构建

3.1　引言

采煤机零部件 CAE 分析资源模型构建是实现面向服务架构 CAE 分析方法的前提和关键技术之一。传统的采煤机分析中，分析知识资源是企业根据各自的应用系统对采煤机 CAE 分析知识的需求而制定的，缺乏统一完整的知识定义和表示，导致了知识重复存储、共享不便等问题的发生。

计算机和 Web 技术的快速发展，以及服务业的渗透，使采煤机零部件分析必须体现服务的思想，因此，采煤机分析资源模型的建立必须充分考虑 Web 环境下，采煤机零部件建模和分析等环节。分析知识是专家以及设计人员、物质、信息和知识等物理或概念对象的集合，是完成分析工作的需要，它贯穿采煤机零部件分析的全过程。统一采煤机结构和设计分析知识表示，是实现分析知识模型构建的关键。

本章根据 Web 环境下采煤机零部件分析资源以及建模特点，利用本体技术，建立了采煤机 CAE 分析资源模型，以满足企业对采煤机分析资源信息的需求，为采煤机的 CAE 分析服务提供技术支撑。

3.2　采煤机零部件 CAE 分析资源特点与分类

3.2.1　CAE 分析资源特点

采煤机零部件 CAE 分析资源可以理解为完成采煤机设计、分析、制造和服务的整个生命周期中各种活动的物理元素的总称。它是企业完成生产和服务的多种应用系统的基础，网络化采煤机零部件 CAE 分析是传统的分析技术与网络技术相结合的产物，网络化 CAE 分析资源和传统 CAE 分析资源相比[82-86]，具有以下特点：

（1）共享性。网络化采煤机零部件 CAE 分析模式下，企业内部之间、不同企业之间以及行业之间，都能借助于网络平台进行资源共享。资源共享是网络化 CAE 分析优势的最大体现。

（2）多样性和分布性。网络化采煤机零部件 CAE 分析资源种类繁多，包含了采煤机设计制造过程中整个生命周期涉及的所有资源，功能各异且地理上分布广泛，属于不同的企业、组织和个人。

（3）异构性。由于采煤机零部件 CAE 分析资源的多种多样，且分布于不同的地域，这些企业和组织对 CAE 分析资源的管理都有自己的规范和标准，并且有各自的管理系统，因此资源共享时出现了异构性。

（4）动态性。基于 Web 的 CAE 分析环境下，随着 Web 技术和采煤机功能和结构设计的不断发展，知识和技术资源的种类、内涵和外延都不断更新。采煤机零部件 CAE 分析资源的使用能力和状态随时间不断变化，就会出现原来可用的资源变得不可再用，同时也会有新的资源不断加入进来。另外，动态多变的市场需求也要求资源随之进行重新组合。

（5）复杂性。网络化采煤机零部件 CAE 分析环境中，对异构资源进行管理，涉及数字化等多方面的问题。同时，不断出现的先进 CAE 分析技术和应用也使得对资源的管理更为复杂。

（6）组织性。网络化采煤机零部件 CAE 分析具有自组织性和他组织性，网络中使用率低的资源可以被自组织性准确、迅速地发现，系统将会及时处理这些资源。同时，网络中的分析资源也接受系统的统一管理，建立资源之间合理的关联，实现资源共享和集成，为客户提供完善的服务。

（7）相似性。网络中的采煤机零部件 CAE 分析资源整体是由多个资源节点组成的，因此可以通过对局部资源形态的研究，进而研究整个全局的资源信息。

3.2.2　CAE 分析资源分类

基于 Web 的采煤机零部件 CAE 分析是 Web 和 CAE 分析技术相结合形成的，所涉及的知识资源丰富，不同的企业对采煤机结构知识和 CAE 分析技术的理解不同，造成内容和结构的表达不同，资源也随着 Web 和 CAE 技术的更新而不断更新和扩充。为了用户检索查询资源的方便性，我们需要对资源进行合理分类，以提高资源的搜索率和使用率。基于 Web 的采煤机零部件 CAE 分析资源分布在全国甚至全世界的采煤机设计机构和生产企业，其表达形式多样造成语义异构，使得合理分类成为难题。因此，我们需要找到一种适用于基于 Web 的采煤机零部件 CAE 分析资源的分类方法，有效提高资源的被搜索率和使用率。

成熟的网络分析资源的分类方法有体系分类法和面分类法两种。体系分类法是以科学分类为基础，依据资源的属性，把分类资源分成层次分明的结构体系的一种分类方法。该方法体现了层次等级关系，可实现按学科搜索，但是不显示资源主题，不能及时对资源进行合理修订。面分类法根据资源的属性或特征，将资源分成若干个面，面与面间没有从属关系，每个面包含一组类目。面分类方法可以实现资源扩充，柔性较好，但是其结构过于复杂，不能手工处理。

综合考虑采煤机零部件 CAE 分析资源和各分类方法的特点，本书采取混合分类方法，按照客户使用 CAE 分析知识技术资源的信息，利用面分类法将采煤机零部件 CAE 分析知识技术资源进行首次分类，然后利用体系分类法将分析资源进行终级分类（表 3-1）如下：

（1）结构位置面：按照采煤机零部件 CAE 分析知识和技术资源构成及属性将分析资源建立不同的类别，以形成可应用于采煤机零部件 CAE 分析的资源分类体系。

（2）服务面：根据可提供的采煤机零部件 CAE 分析服务类型的不同，将分析资源分类，以满足面向用户的分析服务功能。

（3）物理面：根据分析资源的物理存在形态进行分类，如模型资源、知识资源等。

（4）用户面：按照资源使用者的类型进行划分，即面向服务架构的采煤机零部件 CAE 分析服务系统的各类用户，包括采煤机生产企业、采煤机设计研究所等。

表 3-1　采煤机零部件 CAE 分析资源分类

结构位置面	物 理 面	服 务 面	用 户 面
截割部	软件资源	CAE 分析服务资源	采煤机生产企业
牵引部	设备资源	计算资源	采煤机设计研发
调高油缸	人力资源	数据资源	总体编制
…	…	…	…

在上述基础上，按照采煤机零部件 CAE 分析知识和技术资源的结构、类型以及作用，将资源分为设备资源、人力资源、软件资源、计算资源、数据资源、服务资源、采煤机零部件 CAE 分析服务资源、采煤机零部件的辅助功能、信息资源。设备资源主要包括数据存储设备、分析设备等；人力资源主要指参与采煤机设计、分析、服务等技术方面的人员，包括后台管理人员、系统开发人员等；软件资源是在完成采煤机设计分析过程中需要的所有软件（建模软件、分析软件等）的集合，是实现面向服务的采煤机零部件 CAE 分析不可缺少的一部分。包括建模分析软件（UG、ANSYS、PROE 等）、编程软件（网页设计软件、数据库软件等）和其他软件；计算资源指采煤机设计分析过程相关的结构设计和设计计算，数据资源指采煤机设计分析过程中所需要的各类数据，包括材料加工工艺、各种材料性能等；服务资源指数据查询、数据库扩充等，采煤机零部件 CAE 分析服务资源指各种类型的采煤机零部件的分析结构和分析资源集合成的分析系统；采煤机零部件的辅助功能指关于采煤机的各种辅助服务，比如选型设计和技术测定等；信息资源指采煤机设计、制造企业概况和产品市场信息等。

3.3 采煤机零部件 CAE 分析资源建模

SOA 可以为采煤机零部件 CAE 分析资源的合理整理提供了有效方法，为了应对不同用户的需求，在对采煤机零部件 CAE 分析资源的建模、重用和共享的基础上，建立了适用于不同企业的统一分析资源模型。系统定义时把分析资源和应用活动程序划分为小单元，不再依赖具体的资源表达结构，而是通过服务完成数据的转换，构成基于 SOA 的网络化采煤机零部件 CAE 分析资源模型。

3.3.1 分析资源建模特点

基于 Web 的采煤机零部件 CAE 分析模式要求采煤机零部件的结构知识、CAE 分析技术等资源具有灵活重组、不断更新扩充、可集成以及能快速响应市场变化的特点，其模型的构建在网络化 CAE 分析过程中应具有以下特点[87-91]：

（1）完备性。为采煤机零部件 CAE 分析资源描述提供统一的方法，充分满足网络化 CAE 分析的信息需求，采煤机全生命周期中的分析技术资源结构、特征和能力信息需要全面而准确地描述，指导企业统一规划采煤机零部件 CAE 分析资源，实现分析任务和分析知识、技术资源的初步匹配。

（2）分析资源表达格式统一且开放，统一信息表达模式下，各企业或应用系统描述与采煤机零部件相关的分析知识、技术资源，有效支持分析资源的合理配置。

（3）支持知识和技术资源应用视图的集成和转换。应用视图中的信息冗余有效消除，并解决分析知识和技术资源多视图面临的信息出自多处的问题。

（4）可扩展和可重用性。采煤机零部件 CAE 分析资源模型具有不断更新和重用能力，能够快速应对市场及企业对采煤机零部件模型需求的变化。

3.3.2 本体理论

本体的建立过程中包括对象层、本体定义层和本体容器。对象层是指本体的具体例子。本体定义层用来定义在对象层实例化的术语。本体容器（ontology container）描述本体的特征，它包括 15 个元数据元素：名称、建立者、内容、描述、发行者、捐助者、时间、种类、形式、标识、出处、语言、关系、覆盖和权力。

　　基于本体给出知识集成系统可知，知识集成系统需要建立的环节包括知识获取、表示、共享和重用，对应的本体结构如图 3-1 所示。

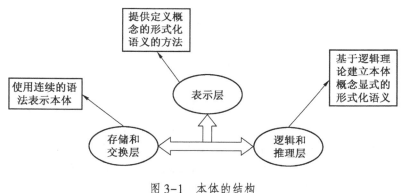

图 3-1　本体的结构

1. 表示层

　　表示层利用 frame-based 的方法建立了本体与用户的界面，并且提供建模语法，以供客户构建、日常维护和使用。它的建立需要定义建模实体（要求符合认知特点），提供形式化语义的方法，建立描述本体的语法。框架表示法是在框架理论的基础上发展起来的一种结构化知识表示方法。本文采用框架建立表示层，框架由类和槽组成，类表示本体中的概念，槽用于描述对象的某一方面属性，每个槽拥有若干个侧面，侧面用于描述相应属性的一个方面。下面是基于框架建立本体表示层所需要的定义：①类包含名称、类型、文档、子类关系和槽约束等组件，其中子类关系（subclass-of）声明类的父类，其值是若干个类表达式的列表。槽约束（slot-constraint）是若干个槽的约束集合。②槽定义（slot-def）包含名称、文档、子槽关系、领域、范围、可逆、属性等组件，其中，子槽关系（subcslot-of）与子类关系类似；领域（domain）声明槽应用的类；范围（range）声明槽约束值的范围；可逆（inverse）声明关系是否可逆；属性（properties）包括可传递性（transitive）、对称性（symmetric）。③原子（primitive）是指若干数据类型组合，包含 Single、Double、字符串和 Long 等，进而将槽关系分为属性关系和结构关系。

2. 存储和交换层

存储和交换层的描述必须是人和微机均能认识的语言，以实现互操作。为了在网络上共享交换资源，本文采用资源描述框架模式（RDFS）建立本体的存储和交换层。

1）资源描述框架

RDF 是定义元数据的框架，是处理元数据的基础，提供了Web 上应用程序间交换机器能够理解的信息互操作性，简化了网络资源的自动化处理过程。采用 RDF 可以很容易实现资源的自动搜索，不需要人工标引，并且有较高查全率和查准率。Tim be-mers-Lee 提出了语义 Web（Semantic Web）[92]，即通过建立 Web信息源机器可理解的语义而在 Web 中加入了逻辑，实现自动推理，形成知识系统。RDF 利用资源、属性和属性的值来描述 Web上的各种知识技术资源。资源可能是整个网页、网页的一部分、页面的全部集合或者不能通过 Web 直接访问的对象。属性用于描述某个资源的特定性质（Properties）或关系。

RDFS 不仅能定义资源的属性词汇，还能定义这些属性词汇可以描述哪些类型的资源以及其取值范围的约束。

2）基于 RDFS 的存储和交换层

RDFS 规定义了类、子类、超类、属性和子属性，以及它们之间的关系不能满足表示本体的要求。为了能满足建立本体存储和交换层的要求，本文将 RDFS 进行了扩展。在 RDFS 中的核心类是 rdfs：Resource，rdfs：Class 和 rdfs：Property，分别表示资源、类和属性。本体基本建模实体中类定义和槽定义都是 rdfs：Resource，其中类定义映射为 rdfs：Class，核心属性 rdfs：type 的值为 rdfs：Class 的资源，通过核心属性 rdfs：subClass（）能够表示类之间的层次关系；定义映射为 rdfs：Property，核心属性 rdfs：type 的值为 rdfs：Property 的资源，通过核心属性建立了新的资源、类和属性。在 RDFS 扩展中，定义类 DefineClass 和 PrimitiveClass，分别用于在类定义中指出类的 Definedprimitive 类型；定义了槽定义中的属性 transitiveRelation、symmetricRelation 和 inverseRelation。RDFS 扩展满足了 Ontology 与 RDF 应用的最大兼容性。

下面为使用扩展的 RDFS 建立本体的示例：

```
< rdf：Class ID = "Product" >
    …
    < rdf：type rdf：resource = "PrimitiveClass" /> <指出类的类型为 "Primitive >
    < subclass（）f > <给出槽约束>
    < PropertyRestriction > <定义了一个满足限制的匿名类>
    < has-value >
        < hasProperty rdf：resource = "#of-funtion" />
        < hasClass rdf：resource = "#funtion" />
        </has-value >
    < PropertyRestriction >
    </subclass（）f >
< rdf：Class >
```

3. 逻辑和推理层

该层根据语义逻辑关系，建立本体概念显式的形式化语义，实现有效的本体推理。描述逻辑特别适用于表达机构化和半结构化数据之间具有层次、多重继承、聚合及其组合情况，应用于知识建模，软件工程以及基于 Web 的信息系统等领域。

描述逻辑的推理功能主要有包含和相容两种。包含（subsumption）用来判断两个概念之间的关系是否为属于，如判定"采煤机是否为煤矿机械"等，主要用于概念的自动分类。相容（satisfiability）用来判断两个概念是否相容。表 3-2 列出了 SHOQ(D) 的语法和相应的语法描述。

表 3-2 SHOQ(D) 的语法和相应语法描述

名称定义	语法	语　义　描　述
基本概念	A	$A^{\tau} \subseteq V^{\tau}$
抽象作用	R	$R^{\tau} \subseteq V^{\tau} \times V^{\tau}$
具体作用	T	$T^{\tau} \subseteq V^{\tau} \times V_D^{\tau}$
名称	(o)	$\{o\}^{\tau} \subseteq V^{\tau}, \#\{o\}^{\tau} = 1$
数据类型	d	$d^D \subseteq V_D$
关联	$C \cap D$	$(C \cap D)^{\tau} = C^{\tau} \, ID^{\tau}$
分离	$C \cup D$	$(C \cup D)^{\tau} = C^{\tau} \cup D^{\tau}$
否定	$\neg C$	$(\neg C)^{\tau} = V^{\tau} \setminus C^{\tau}$
	$\neg d$	$(\neg d)^{\tau} = V_D \setminus d^{\tau}$
存在约束	$\exists R.C$	$(\exists R.C)^{\tau} = \{x \mid \exists y.(x, y) \in R^{\tau} \ and \ y \in C^{\tau}\}$
限制约束	$\forall R.C$	$(\forall R.C)^{\tau} = \{x \mid \forall y.(x, y) \in R^{\tau} \ implies \ y \in C^{\tau}\}$
必要约束	$\geq nS.C$	$\geq nS.C = \{x \mid \#(\{y.(x, y)S^{\tau}\} \, IC^{\tau}) \geq n\}$
充分约束	$\leq nS.C$	$\leq nS.C = \{x \mid \#(\{y.(x, y)S^{\tau}\} \, IC^{\tau}) \leq n\}$
数据类型存在	$\exists T.d$	$(\exists T.d)^{\tau} = \{x \mid \exists y.(x, y) \in T^{\tau} \ and \ y \in d^D\}$
数据类型限制	$\forall T.d$	$(\forall T.d)^{\tau} = \{x \mid \forall y.(x, y) \in T^{\tau} \ implies \ y \in d^D\}$

与 XML、RDF 和 RDFS 相比，OWL 添加了更多表达语义的机制，扩大了语义表达范围，来实现推理功能。具体地说，OWL 通过 subClassof、subPropertyof 形成概念及其关系的分类化、层次化结构，通过 sameClassAs、samePropertyAs、inverseof、equivalentTo 等形成概念间的同义、反义等语义关系，通过 intersectionOf、unionOf、complementOf、one of 等构建概念间的逻辑组合关系，

通过 domain、range、toClass、hadValue、cardinalityQ、maxCardinality 等对关系约束进行描述，通过 diajiontWith、uniqueProperty、unambiguousProperty 等实现对概念及其关系的公理定义。

3.3.3　CAE 分析资源本体定义

本体[93,94]概念源于哲学，哲学上定义本体为对客观存在物的系统描述。而在工程中本体的定义为：用来描述事物的抽象概念及概念之间的各种关系的集合，其形式化表示方法：

$$O = (C, R, F, A, I)$$

式中，O 是本体，C 表示抽象概念集，R 表示 O 的关系集，F 表示函数，A 表示 O 的公理系统，I 表示 O 的实例。

采煤机零部件 CAE 分析资源本体是对采煤机零部件 CAE 分析知识与技术进行标准化处理后，采用"像 is-part-of（采煤机 CAE 分析服务模块-截割部-扭矩轴）"的模块本体方法对技术资源中各概念之间的关系进行语义建模，最终构建采煤机零部件 CAE 分析本体模型，表示为：

$$SO = \{C_S, C_{SC}, R_S, R_{SC}, A_{SO}, I_S, update\}$$

式中，C_S 表示采煤机零部件 CAE 分析模块 S 包含的概念集合；C_{SC} 表示概念的属性集合；R_S 表示该模块 S 的关系集合；R_{SC} 表示关系的属性集合；A_{SO} 表示公理集合；I_S 表示该模块 S 实例集合；$update$ 表示概念的更新情况集。

概念之间有聚集关系（is-part-of）、继承关系（is-kind-of）、实例关系（instance-of）、属性关系（attribute-of）等。

首先分析采煤机零部件的几何特征、工况特点以及企业需求，采用模块本体的建立方法，实现采煤机零部件 CAE 分析服务模块本体的建模。采煤机零部件 CAE 分析服务模块本体描述为：

$$O_{MME} = \{O_{SB}, O_{RL}, O_{RJ}, O_K, O_{CAE}, O_{AService}, O_{INFOR}\}$$

式中，O_{SB} 表示设备资源模块本体；O_{RL} 表示人力资源模块本体；O_{RJ} 表示软件资源模块本体；O_K 表示技术资源模块本体；O_{CAE} 表示是以采煤机零部件的几何结构为框架，建立的采煤机零部件的 CAE 分析服务模块本体；O_{AService} 表示采煤机零部件的辅助功能模块本体；O_{INFOR} 表示信息模块本体。

本文分析的采煤机零部件主要包括四大部件，分别是截割部、内牵引、外牵引和调高油缸，其主要零件分类如图 3-2 所示。

技术资源模块本体主要描述与采煤机零部件 CAE 分析相关的知识和技术资源，描述为：

$$O_{\text{K}} = \{O_{\text{TM}},\ O_{\text{R}},\ O_{\text{D}}\}$$

式中，O_{TM} 表示 CAE 理论与方法；O_{R} 表示与设计相关的计算资源；O_{D} 表示与设计相关的数据资源。

采煤机零部件的辅助功能模块本体描述为：

$$O_{\text{AService}} = \{O_{\text{XX}},\ O_{\text{GZ}}\}$$

式中，O_{XX} 表示采煤机零部件选型本体；O_{GZ} 表示采煤机零部件故障诊断本体。

信息模块本体描述市场对采煤机的需求信息、采煤机设计和生产企业的现状及技术水平等信息，描述为：

$$O_{\text{INFOR}} = \{O_{\text{CI}},\ O_{\text{MI}}\}$$

式中，O_{CI} 表示企业信息及产品信息；O_{MI} 表示市场需求信息及前景。

3.3.4　CAE 分析资源本体构建

在分析采煤机零部件的几何特征、CAE 分析知识的结构及各企业对专业知识的表达特征等因素的基础上，利用 protégé[95] 工具对采煤机零部件 CAE 分析资源进行本体建模，图 3-3 所示为其本体结构模型。本书采用本体表示语言的 OWL 对采煤机零部件 CAE 分析知识和技术进行形式化描述。

Protégé 基于 JAVA 和 Open Source 操作平台，可用于编制本体知识库（Knowledge Base），且源码开放，能运行多重继承。Protégé 已经成为国内外众多本体研究机构的首选工具和目前使用最为广泛的本体编辑器之一，其启动画面如图 3-4 所示。Protégé 启动后首先编辑采煤机零部件 CAE 分析资源本体的类，

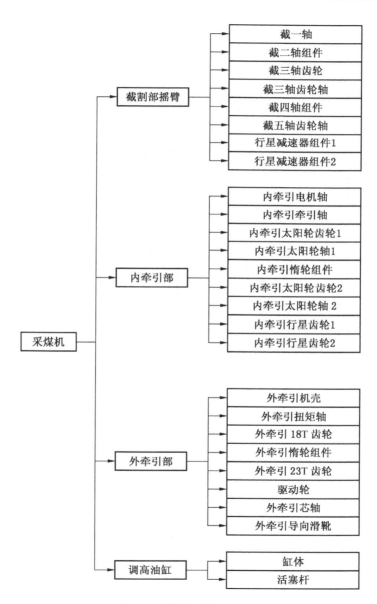

图 3-2 采煤机的部分零部件

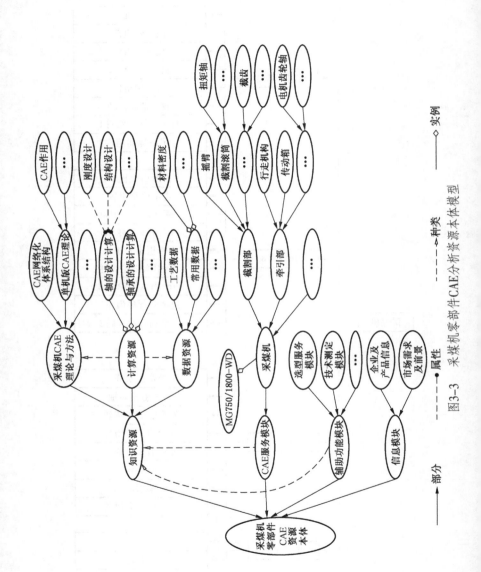

图3-3 采煤机零部件CAE分析资源本体模型

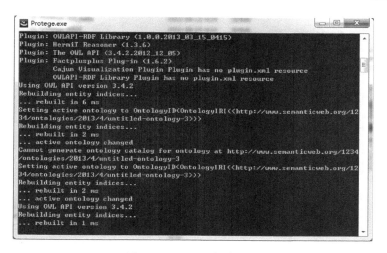

图 3-4 protégé 启动画面

如图 3-5 所示，随后建立类的属性，如图 3-6 所示。

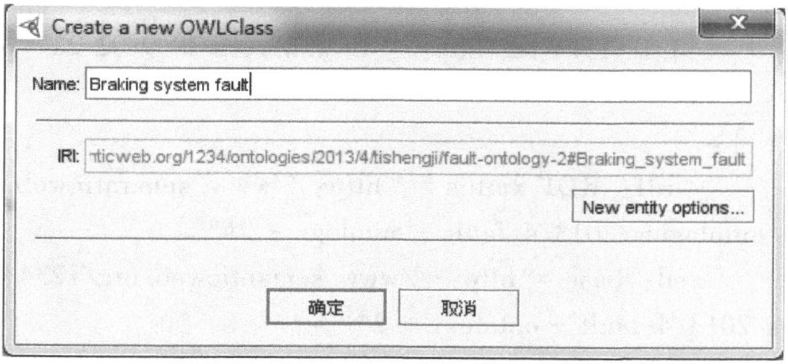

图 3-5 protégé 中类的建立

OWL 本体描述语言的总体结构为：<本体>∷= [<命名空间定义>] <本体头定义> [<类定义>] [<个体定义>] [<属性定义>]，OWL 中提供了命名空间、本体头、类、个体、属性等的相关定义。部分采煤机零部件 CAE 分析本体 OWL 代码如下：

```
<? xml version ="1.0"? >
<! DOCTYPE rdf：RDF[
```

图 3-6　protégé 中属性的建立

<! ENTITY owl"http：//www. w3. org/2002/07/owl#" >

<! ENTITY xsd"http：//www. w3. org/2001/XMLSchema #" >

<! ENTITY rdfs"http：//www. w3. org/2000/01/rdf − schema#" >

<! ENTITY rdf"http：//www. w3. org/1999/02/22 − rdf − syntax − ns#" >

]>

<rdf：RDF xmlns = "http：//www. semanticweb. org/ 1234/ontologies/2013/4/fault − ontology − 2#"

xml：base ="http：//www. semanticweb. org/1234/ontologies/2013/4/fault − ontology − 2"

xmlns：rdfs = "http：//www. w3. org/2000/01/rdf − schema #"

xmlns：owl ="http：//www. w3. org/2002/07/owl#"

xmlns：xsd = http：//www. w3. org/2001/XMLSchema#

xmlns：rdf ="http：//www. w3. org/1999/02/22 − rdf − syntax − ns#" >

<owl：Ontologyrdf：about = "http：//www. semanticweb. org/1234/ontologies/2013/4/tishengji/fault − ontology − 2"/>

< owl：Class rdf：about ="http：//www. semanticweb.
org/1234/ontologies/2013/4/untitled - ontology - 5#Brake_ bloc-
kage_ in_ cylinder" >

< rdfs：subClassOf

rdf：resource ="http：//www. sem-anticweb. org/1234/
ontologies/2013/4/untitled -

ontology - 5#Brake_ gate_ open_ failure"/ >

</owl：Class >

3.4　采煤机零部件 CAE 分析资源异构

采煤机零部件的结构分析越来越复杂，传统的单一分析模式必须转到多子系统的分布式协同控制模式来实现。采煤机零部件 CAE 分析资源集成是为了获得更准确的分析结果和更高的分析效率，将企业完成采煤机的所有分析活动的各种元素汇集起来，使之紧密联系、彼此促进、共同发展。

分析资源的集成是对分布不同物理地域的采煤机 CAE 分析资源的管理，利用网络技术，对知识库之间存在的结构、语义、特性和实例关系进行整合。通过建立概念名-属性-结构-实例本体映射算法，消除采煤机零部件 CAE 分析资源本体中存在的各种异构问题，确定集成规则，实现采煤机零部件 CAE 分析知识技术的集成。

各个采煤机设计和生产企业对采煤机零部件 CAE 分析知识和技术资源进行描述时，企业专家和设计人员对采煤机设计分析专业知识的理解和解释不同，使得各个企业的知识和技术资源的命名、分类不同甚至混乱，出现了概念名、属性、结构和实例等方面的异构现象，导致采煤机零部件 CAE 分析知识和技术资源在搜索时出现查准率和查全率低的问题，严重制约了资源的共享和重用。

采煤机零部件 CAE 分析知识和技术资源异构问题出现的原因：①采煤机 CAE 分析知识来源多元化；②采煤机 CAE 分析知

识资源库构建过程中，不同采煤机设计和生产企业专家及工程技术人员使用不同的描述语言进行表达，甚至对同一知识点的理解相差甚远。

调查整理各采煤机设计和生产企业的分析知识技术资源，经分析研究将采煤机零部件 CAE 分析资源本体的异构问题分为概念名、属性、结构和实例四类异构。

概念名异构是不同采煤机设计和生产企业对同一内涵的采煤机零部件的概念描述时，其表达方式不同，用词也不同。

属性异构是不同采煤机设计和生产企业中，对零部件的几何特征、CAE 分析知识等之间的排列组合形式不同。

结构异构是不同采煤机设计和生产企业对同一内涵的采煤机零部件的概念描述时，零部件之间的从属关系不一致。

实例异构是不同采煤机设计和生产企业对采煤机零部件 CAE 分析知识库中零部件分析、服务知识及其关系等进行描述时在实例中表现出来的不同。

3.5 采煤机零部件 CAE 分析资源本体映射方法

解决采煤机零部件 CAE 分析服务资源本体异构问题的主要方法之一是本体映射。本体映射是指在本体 A 和本体 B 中找到语义、属性、结构等相同和相似的概念。通过寻找两个采煤机零部件 CAE 分析服务模块本体中结构、语义、属性和实例的相似性，达到标准语义表达。相似度是用来衡量相似性的量化表达[98-99]。

相似度是综合考虑多种本体因素对两本体概念间的相近程度进行量化评价[101-105]。若模块本体 A 有 i 个概念项，模块本体 B 有 j 个概念项，则将 A 中 C_i^A 与 B 中 C_j^B 的相似度，记为 $S(C_i^A, C_j^B)$，其值域为 [0, 1]。如果概念名、属性（概念间单属性和相互属性）、结构和实例在内的两个概念完全相同则相似度为 1，反之两个概念完全不匹配则相似度为 0。相似度临界值为 S_L，不同系统对相似度要求不同，取值时注意不能过高或过低，过高会导致本体的信息冗余，检索效率较低，影响资源的利用率；过低则会导致知识分辨能力降低，用户找不到自己所需要的准确信息。若 $S(C_i^A, C_j^B) \geqslant S_L$，则模块本体 B 的概念 C_j^B 与模块本体 A 的概念 C_i^A 相似。

根据采煤机零部件 CAE 分析的需要，将采煤机零部件 CAE 分析资源本体的相似度临界值 S_L 设为 0.8。

3.5.1　相似度计算

通过对采煤机零部件 CAE 分析知识技术的分类整理，相似度计算可分为概念名相似度 S_C、属性相似度 S_{ES}、结构相似度 S_H、实例相似度 S_I4 大类。

概念名相似度用来描述采煤机零部件 CAE 分析资源本体间概念名称的表示相似程度。其计算公式为

$$S_C(C_i^A, C_j^B) = \frac{|CS_{Ci}^A \cap CS_{Cj}^B|}{|CS_{Ci}^A \cup CS_{Cj}^B|} = \frac{m}{i + j - m} \qquad (3-1)$$

式中，CS_{Ci}^A 表示概念名称 C_i^A 的术语群；CS_{Cj}^B 表示概念名称 C_j^B 的术语群；i 表示 CS_{Ci}^A 集合中词汇数量；j 表示 CS_{Cj}^B 集合中词汇数量；m 表示两集合 CS_{Ci}^A 和 CS_{Cj}^B 之间同义词数量。

属性相似度包括采煤机零部件 CAE 分析资源本体中概念之间单属性相似度 S_E 和相互属性相似度 S_S。

$$S_{ES} = 1/2(S_E + S_S) = 1/2\left(\frac{|CS_{Ei}^A \cap CS_{Ej}^B|}{|CS_{Ei}^A \cup CS_{Ej}^B|} + \frac{|CS_{Si}^A \cap CS_{Sj}^B|}{|CS_{Si}^A \cup CS_{Sj}^B|}\right) =$$

$$1/2\left(\frac{a_i g b_j}{a_i^2 + b_j^2 - a_i g b_j} + \frac{x_i g y_j}{x_i^2 + y_j^2 - x_i g y_j}\right) \qquad (3-2)$$

式中，CS_{Ei}^A 表示概念 C_i^A 的单属性名称术语群；CS_{Ej}^B 表示概念 C_j^B 单属性名称术语群；a_i 表示 CS_{Ei}^A 集合中词汇数量；b_j 表示 CS_{Ej}^B 集合中领域词汇数量；CS_{Si}^A 表示概念 C_i^A 的相互属性名称术语群；CS_{Sj}^B 表示概念 C_j^B 相互属性名称术语群；x_i 表示 CS_{Si}^A 集合中词汇数量；y_j 表示 C_j^B 集合中领域词汇数量。

结构相似度基于图的技术，即如果两个节点的有向边指向

的末端节点都分别相似，则这两个节点相似的可能性很大。因此，可以通过计算这两个节点的有向边指向的末端节点的相似度，来计算这两个节点的结构相似度。设从节点 a 出发的全部路径中包含的末端节点组成的集合为 A，从节点 b 出发的全部路径中包含的末端节点组成的集合为 B，则 a 和 b 的结构相似度为：

$$S_H(a,\ b) = \frac{\sum_{a_i \in A} \max \begin{cases} S_h(a_i,\ b_i) \\ b_j \in B \end{cases}}{|A|} \qquad (3-3)$$

式中，$S_h(a_i,\ b_j)$ 为末端节点 a_i 和 b_j 的相似度；$S_H(a,\ b)$ 为节点 a 和 b 的相似度。

实例相似度计算公式如下：

$$S_I(C_i^A,\ C_j^B) = \frac{N(I_{i,\ j}^A) + N(I_{i,\ j}^B)}{N(I_i^A) + N(I_j^B)} \qquad (3-4)$$

式中，$N(I_i^A)$ 表示模块本体 A 中概念 C_i^A 拥有的实例个数，$N(I_j^B)$ 表示模块本体 B 中概念 C_j^B 拥有的实例个数，$N(I_{i,j}^A)$ 表示模块本体 A 中同时属于概念 C_i^A 和 C_j^B 的实例个数，$N(I_{i,j}^B)$ 表示模块本体 B 中同时属于概念 C_j^B 和 C_i^A 的实例个数。

处理 S_C、S_{ES}、S_H、S_I 之间权重系数的方法如下：

由式（3-1）、式（3-2）、式（3-3）、式（3-4）得到概念 C_i^A 和 C_j^B 的相似度如下式：

$$S(C_i^A,\ C_j^B) = \alpha S_C + \beta S_E + \gamma S_H + \zeta S_I \qquad (3-5)$$

式中，α、β、γ、ζ 表示相似度的权重系数，α、β、γ、$\zeta \in (0,\ 1)$。如果按照经验对相似度权重系数进行取值，将会造成很大的误差，失去了综合考虑四要素的意义，故本文采用基于 AHP 的方法进行计算。

3.5.2　相似度权重系数

采煤机零部件 CAE 分析资源本体相似度权重系数计算过程如下：

Step1：本文利用公认的 Saaty 给出的属性重要性等级表[93,96,97]，根据采煤机零部件 CAE 分析资源本体中 S_C、S_{ES}、S_H、S_I 的重要程度对决策矩阵 A_4 中的各值进行评价赋值。相似度决策矩阵 A_4：

$$A_4 \longrightarrow \begin{array}{c} S_C \\ S_{ES} \\ S_H \\ S_I \end{array} \begin{Bmatrix} \begin{array}{cccc} S_C & S_{ES} & S_H & S_I \\ 1 & 2 & 2 & 4 \\ 1/2 & 1 & 1 & 3 \\ 1/2 & 1 & 1 & 2 \\ 1/4 & 1/3 & 1/2 & 1 \end{array} \end{Bmatrix}$$

用本征向量法求矩阵 A_4 的最大本征值 λ_{max} 和各相似度权重 ω。

Step2：计算权重值 ω。

$$\omega_i = \frac{\omega_i^*}{\sum\limits_i^4 \omega_i^*} \quad (i = 1, 2, 3, 4) \tag{3-6}$$

其中，$\omega_i^* = \sqrt[n]{\prod\limits_{j=1}^n a_{ij}}$，$i = 1, 2, 3, 4$。

计算的各权重值为：$\omega_1 = 0.44$，$\omega_2 = 0.24$，$\omega_3 = 0.22$，$\omega_4 = 0.09$。

Step3：计算最大本征值 λ_{max}。

$$\lambda_{max} = \sum\limits_{i=j=1}^4 \omega_i S_j \tag{3-7}$$

其中，$S_j = \sum\limits_{i=1}^4 a_{ij}$，得 $\lambda_{max} = 3.92$。

Step4：检验 A_4 中各元素指标是否合格，即满足 $\lambda_{max} < \lambda'_{max}$，如不满足，重新确定调整矩阵 A_4 中的值。直到满足上述条件为止。λ'_{max} 为临界本征向量，4 阶的临界本征向量值为 4.27。经计算得 $\lambda_{max} = 3.92 < \lambda'_{max}$，因此，式（3-5）中得到的权重值可作为本文所需的相似度权重系数，$\alpha = \omega_1 = 0.44$，$\beta = \omega_2 = 0.24$，$\gamma = \omega_3 = 0.22$，$\zeta = \omega_4 = 0.09$。

　　按照上述方法得到的各相似度权重值是原始值，在实际应用中可根据实际情况进行调整。

3.5.3　对比试验

　　为验证本书提出的加权-量化相似度映射算法的准确性和有效性，将其与单一概念名相似度算法、属性相似度算法、结构相似度和实例相似度算法分别进行了对比实验。实验采用 OAEI-2008[100] 所提供的标准本体数据集作为实验的输入，用其模仿收集的鸡西煤矿机械有限公司、辽源煤矿机械制造有限责任公司等采煤机扭矩轴 CAE 的设计参数本体，随机抽取了 15 组有效本体。算法的查准率、查全率和 F 测试值作为实验的对比项。查准率、查全率和 F 测试值公式为

　　　　本体相似度的查准率　　　$P = \dfrac{A}{A + C}$

　　　　本体相似度的查全率　　　$R = \dfrac{A}{A + B}$

　　　　F 测试值：　　　　　　　$F = \dfrac{P \times R \times 2}{P + R}$

　　式中，A 为相似度算法找到的正确映射结果，B 为相似度算法找到的错误映射结果，C 为相似度算法未找到的正确映射结果。试验结果见表 3-3。依据表 3-3 的试验数据可知：①加权-量化相似度映射算法具有较好的映射效果，与单一概念名相似度算法相比，上述算法的查准率平均高 6.12%，查全率平均高 6.1%，与单一属性相似度算法相比，则查准率平均高 6.86%，查全率高 6.41%；②F 测试值分析，与单一概念名相似度算法相比，上述算法的 F 测试值平均高 5.33%，与单一属性相似度算法相比，则 F 测试值平均高 5.05%。由此可知，加权型相似度算法有效提高了查全率、查准率。如果只进行单一的相似度计算，计算效率高，但对于结构复杂的采煤机零部件以及其庞大的 CAE 分析知识和技术资源来说，单一相似度计算不能满足其要求。因此，需要综合 S_C、S_{ES}、S_H、S_I，弥补单一相似度计算的缺点。

表 3-3　试　验　结　果　　　　　　　%

计算项	概念名相似度算法			属性相似度算法			加权型相似度算法		
	查准率	查全率	测试值	查准率	查全率	测试值	查准率	查全率	测试值
	P	R	F	P	R	F	P	R	F
103～101	96	100	97.9	95	99	96.9	96	100	97.9
104～101	96	100	97.9	93	100	96.4	96	100	97.9
201～101	88	90	88.9	85	89	86.9	90	93	91.5
202～101	40	43	41.4	35	39	36.9	47	52	49.4
203～101	62	59	60.5	58	61	59.5	59	64	61.4
221～101	98	100	98.9	96	100	97.9	98	100	98.9
222～101	65	70	67.4	58	67	62.2	67	74	70.3
223～101	90	93	91.5	89	91	90	92	96	94
228～101	82	86	84	78	85	79.5	89	94	91.4
230～101	74	90	81.2	65	84	81.3	70	85	76.8
246～101	70	81	75.1	78	82	80	64	79	70.7
260～101	64	70	66.9	55	65	59.6	64	76	69.5
266～101	56	68	61.4	55	70	61.6	68	80	73.5
301～101	32	41	35.9	32	37	34.3	45	44	44.5
304～101	59	70	64	54	72	61.7	63	78	69.7

3.6　采煤机零部件 CAE 分析资源本体集成

采煤机零部件 CAE 分析资源本体的集成过程如下：

Step1：根据对采煤机零部件 CAE 分析知识技术资源进行划分，构建对应的采煤机零部件 CAE 分析资源模块本体。

Step2：通过建立了 bridgerules（简称 BR）规则，对采煤机零部件 CAE 分析资源模块本体进行集成，完成采煤机零部件 CAE 分析技术资源的集成任务。

3.6.1　本体集成规则

采煤机零部件 CAE 分析资源本体的集成过程中，结构层次的关系桥规则完成采煤机零部件 CAE 分析资源本体中父概念、子概念及其子概念个数等在结构表示上的连接；语义层次的关系桥规则完成采煤机零部件 CAE 分析资源本体中概念语义表示的统一；属性层次的关系桥规则完成采煤机零部件 CAE 分析资源本体中零部件的设计、分析和建模技术集成；实例层次的关系桥规则完成采煤机零部件 CAE 分析资源模块本体中零部件的实例分析集成，提供语义相同和更完善的采煤机零部件 CAE 分析知识服务[106-114]。

1. 结构集成规则

假设准备集成的源采煤机零部件 CAE 分析资源本体为 i，准备集成的目标采煤机零部件 CAE 分析资源本体为 j。

规则 1：当采煤机零部件 CAE 分析资源本体 i 和 j 在结构层面上名称相同时，并且各子概念名称及数量均相同，则称 i 和 j 的本体结构相同；反之，各概念名称不完全相同或数量不同，则对各概念进行运算处理后集成。

如图 3-7 所示，牵引部 CAE 分析资源本体 1 中的"牵引部"含有两个子概念，牵引部 CAE 分析资源本体 2 中的"牵引部"含有三个子概念，对各概念进行运算处理后方可集成。

2. 语义集成规则

规则 2：当采煤机零部件 CAE 分析资源本体 i 和 j 在语义层面上，概念 SC_i 和 SC_j 的内涵满足 $SC_i \subseteq SC_j$，$SC_j \subseteq SC_i$，则这两个概念的内涵相等，即 $SC_i \equiv SC_j$。

图 3-7 中，有链牵引采煤机零部件 CAE 分析资源本体中的概念"截割部"与无链牵引采煤机零部件 CAE 分析资源本体中的概念"截割部"内涵相同。

3. 属性集成规则

规则 3：当采煤机零部件 CAE 分析资源本体 i 和 j 在属性层面上，特性的概念内涵满足 $FC_i \subseteq FC_j$，$FC_j \subseteq FC_i$，则 FC_i 和 FC_j 的知识内涵相等，即 $FC_i \equiv FC_j$。

图 3-7 中，内牵引 CAE 分析资源本体 1 的概念集合为 {设计知识，实例分析，服务知识}，内牵引 CAE 分析资源本体 2 的

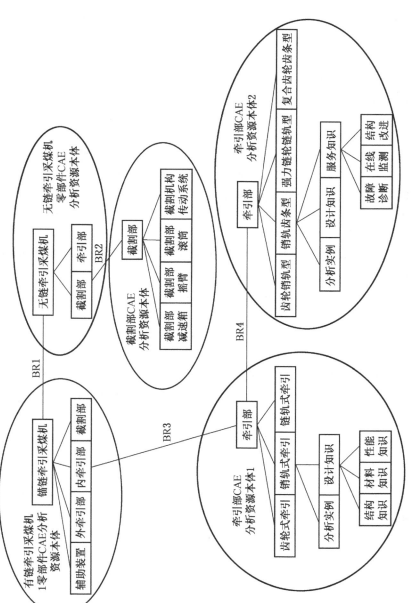

图3-7 采煤机零部件CAE分析资源本体集成原理

概念集合为 {设计知识，实例分析，服务知识}，即满足内牵引
CAE 分析资源本体 1 内 ≡ 内牵引 CAE 分析资源本体 2。

　　4. 实例集成规则

　　定义 1：$BR_{CASE(i,j)} =$ {MX_i, MX_j, $\{LJ\}_i$, $\{LJ\}_j$, $\{CS\}_i$, $\{CS\}_j$,
QJ_i, QJ_j, $R_{CASE(i,j)}$}。

　　式中，MX_i 和 MX_j 为采煤机零部件 CAE 分析资源本体 i 和 j
中实例模型；$\{LJ\}_i$ 和 $\{LJ\}_j$ 为采煤机零部件 CAE 分析资源本
体 i 和 j 中实例临界条件集合；$\{CS\}_i$ 和 $\{CS\}_j$ 为采煤机零部件
CAE 分析资源本体 i 和 j 中实例材料属性集合；QJ_i 和 QJ_j 为采煤
机零部件 CAE 分析资源本体 i 和 j 中实例分析求解方法，
$R_{CASE(i,j)}$ 为采煤机零部件 CAE 分析资源本体 i 和 j 的关系公理。

　　实例集成规则如下：

　　规则 3：在实例层次上，如果采煤机零部件 CAE 分析资源本
体 i 和 j 中的实例满足：

　　$i：MX_i \subseteq j：MX_j$ 和 $j：MX_j \subseteq i：MX_i$。

　　$i：\{LJ\}_i \subseteq j：\{LJ\}_j$ 和 $j：\{LJ\}_j \subseteq i：\{LJ\}_i$。

　　$i：\{CS\}_i \subseteq j：\{CS\}_j$ 和 $j：\{CS\}_j \subseteq i：\{CS\}_i$。

　　$i：QJ_i \subseteq j：QJ_j$ 和 $j：QJ_j \subseteq i：QJ_i$。

　　则实例相同，反之实例不相关，则集成新实例。

　　规则 4：如果采煤机零部件 CAE 分析资源本体 i 和 j 中的实
例满足：

　　$i：MX_i \subseteq j：MX_j$ 和 $j：MX_j \subseteq i：MX_i$。

　　$i：\{LJ\}_i \cap j：\{LJ\}_j \neq i：\{LJ\}_i \neq j：\{LJ\}_j$。

　　则临界条件之间存在交叉关系。

　　规则 5：如果采煤机零部件 CAE 分析资源本体 i 和 j 中的实
例满足：

　　$i：MX_i \subseteq j：MX_j$ 和 $j：MX_j \subseteq i：MX_i$。

　　$i：\{LJ\}_i \subseteq j：\{LJ\}_j$ 和 $j：\{LJ\}_j \subseteq i：\{LJ\}_i$。

　　$i：\{CS\}_i \subseteq j：\{CS\}_j$ 和 $j：\{CS\}_j \subseteq i：\{CS\}_i$。

　　而 $i：QJ_i \subseteq j：QJ_j$，$j：QJ_j \subseteq i：QJ_i$ 不成立。

则需要对求解方法和分析结果进行合并运算。

例如本体 i 采用递推求解方法，而本体 j 采用有限差分求解方法，虽然分析模型、材料属性、临界条件相同，但分析结果却不同，因此需要对其方法和结果进行合并运算。

3.6.2 本体集成过程

根据以上介绍的集成规则，从结构、语义、属性和实例 4 个层次对采煤机零部件 CAE 分析资源本体进行集成，采煤机零部件 CAE 分析资源本体集成流程如图 3-8 所示。

采用关系桥规则（图 3-7 中的 BR_1-BR_4 为关系桥原则）对采煤机零部件 CAE 分析资源本体的概念、属性结构、实例和关系桥公理描述完成其本体集成：（1）采煤机零部件 CAE 分析资源本体与其子本体的关系（图 3-7 中无链牵引采煤机零部件 CAE 分析资源本体 1 与牵引部 CAE 分析资源本体 2 的关系）；（2）同内涵的不同分析资源本体之间的关系或其他不同分析资源本体之间的关系（图 3-7 中无链牵引采煤机零部件 CAE 分析资源本体 1 与牵引部 CAE 分析资源本体 1 的关系）。根据关系桥规则构建对应的集成规则，完成对采煤机零部件 CAE 分析资源本体的集成。

3.6.3 集成推理过程

采煤机零部件 CAE 分析资源本体的集成推理规则（图 3-9）：首先对采煤机零部件 CAE 分析资源本体中的牵引部、截割部子本体中具体零部件的名称、分析实例、设计知识等属性及关系进行解析，形成采煤机零部件 CAE 分析资源本体的临时 ABox 和 TBox，然后提交给推理器 FaCT，并将判定的类型询问提交给推理器，得出推理结果。

具体推理过程如图 3-10 所示，图中 E 为从 j 到 i 通过属性桥规则对应的内涵，F 为从 j 到 i 通过实例桥规则对应的内涵。

图 3-7 中，设锚链采煤机零部件 CAE 分析资源本体 1 为 i，牵引部 CAE 分析资源本体 1 为 j，则输入为 j 到 i 的概念桥规则 BR_{ji}^2，故有 j：牵引部 $\subseteq i$：牵引部，把 i 中的"牵引部"对应到 j 中的"牵引部"上，输出为真值，结束推理过程。

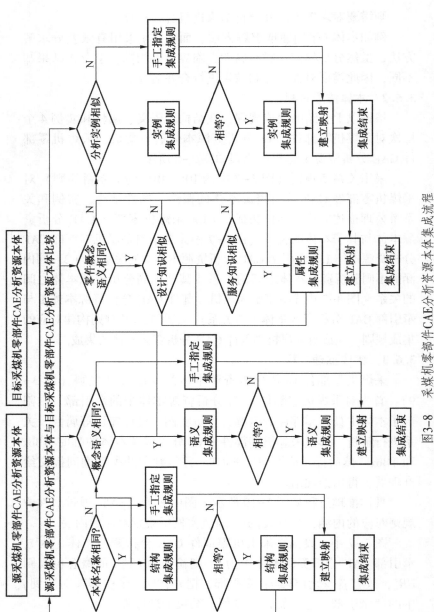

图 3-8　采煤机零部件 CAE 分析资源本体集成流程

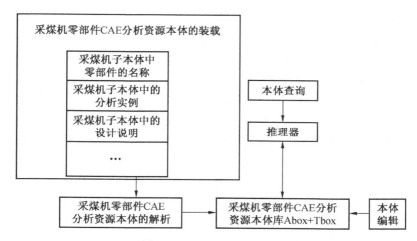

图 3-9 采煤机零部件 CAE 分析资源本体集成推理

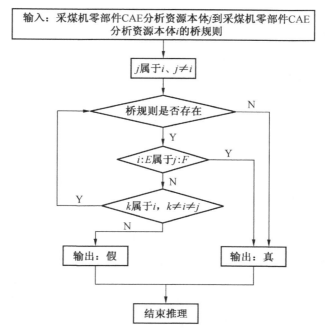

图 3-10 采煤机零部件 CAE 分析资源本体推理过程

3.6.4　本体集成实例及应用

基于上述研究，以无链牵引采煤机为研究对象，图 3-11 所示为两个不同的无链牵引采煤机零部件 CAE 分析资源本体，从图中可看出无链牵引采煤机零部件 CAE 分析资源本体 1 和无链牵引采煤机零部件 CAE 分析资源本体 2 表达了不同了知识结构。为找到对无链牵引采煤机的共同理解，提供以用户为中心的无链牵引采煤机零部件 CAE 分析服务，需要对这两个本体按照上述集成推理原理进行结构、语义、属性和实例层次的集成。图 3-11 中的 IPO 表示有一部分，HJ 表示有结构知识，HI 表示有实例，HS 表示有服务知识，HSTAR 表示有标准，HD 表示有设计知识。

1. 结构层次集成

依据 3.6.1 节介绍的结构集成规则对无链牵引采煤机零部件 CAE 分析资源本体 1 和无链牵引采煤机零部件 CAE 分析资源本体 2 进行结构集成，集成后无链牵引采煤机零部件 CAE 分析资源本体 1 提供辅助装置、内牵引和外牵引的相关知识，无链牵引采煤机 CAE 设计本体 2 提供截割部相关知识。

2. 语义层次集成

依据 3.6.1 节介绍的语义集成规则对无链牵引采煤机零部件 CAE 分析资源本体 1 和无链牵引采煤机零部件 CAE 分析资源本体 2 进行语义集成，将"齿轮式牵引"和"齿轮销轨型"，"销轨式牵引"和"销轮齿条型"等找到标准统一的语义表示，方便资源共享和重用。

3. 属性层次集成

依据 3.6.1 节介绍的属性集成规则对无链牵引采煤机零部件 CAE 分析资源本体 1 和无链牵引采煤机零部件 CAE 分析资源本体 2 进行属性集成，完善齿轮式牵引的设计知识、服务知识和实例分析，集成后无链牵引采煤机零部件 CAE 分析资源本体 1 提供设计知识和实例分析方面的知识，而无链牵引采煤机零部件 CAE 分析资源本体 2 提供服务知识方面的知识，完成属性集成。

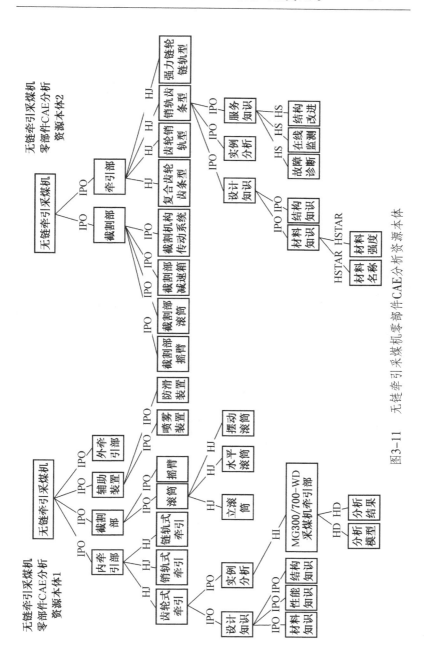

图3-11 无链牵引采煤机零部件CAE分析资源本体

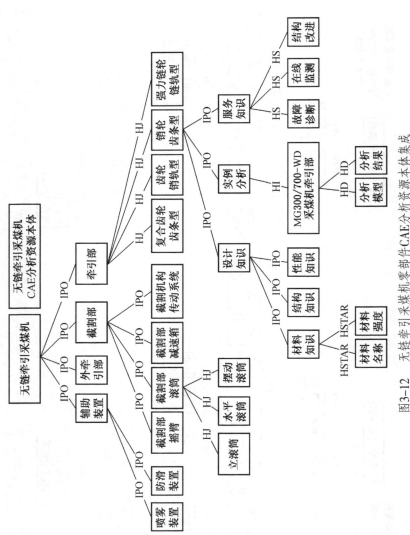

图3-12 无链牵引采煤机零部件CAE分析资源本体集成

4. 实例层次集成

实例分析看似属于特性层次，实际上，是各种结构的零部件需要众多实例分析解释。图 3-12 中显示了部分实例分析，实例多而零乱，需要对其进行集成，便于找到合适的实例。

完成集成后，得到基于结构-语义-特性-实例的无链牵引采煤机零部件 CAE 分析资源本体集成结果如图 3-12 所示。

5. 集成推理实例

为检验无链采煤机零部件 CAE 分析资源本体集成过程（图 3-12）中的可满足性和一致性，采用 3.6.3 的推理过程进行进推理：先采用 D3L 描述无链采煤机零部件 CAE 分析资源本体推理过程，启动 FaCT 推理器，调用 tableaux 算法检查可满足性和一致性，检验结果表明上述集成过程合理，语义表达一致。

3.7 小结

本章首先分析了面向服务架构的采煤机零部件 CAE 分析资源的特点、分类及分析资源对面向服务的需求，结合本体技术给出采煤机零部件 CAE 分析资源本体的定义，并构建了本体模型。为实现采煤机零部件 CAE 分析资源本体集成，深入研究分析资源中的异构问题，提出基于概念名-结构-属性-实例本体映射方法。该方法通过层次分析法得到 4 种相似度的权重系数，根据公式得到量化的综合相似度，并且通过实验验证了该映射方法的有效性，弥补了单一映射的缺点。同时提出了基于结构-语义-属性-实例的 4 层次集成方法，通过无链牵引采煤机零部件 CAE 分析资源本体集成实例，证明了上述集成方法的可行性。

4　采煤机零部件 CAE 分析数据
交 换 方 法

4.1　引言

面向服务架构采煤机零部件 CAE 分析系统成功的关键指标之一是数据交换的速度和准确度。用户输入任务后，需要快速准确地输出结果，才能满足客户需求。因此本章将根据采煤机 CAE 分析的特点，运用隐式特征表达技术和基于补模式–LOD 技术针对采煤机的非壳体零件和壳体零件进行数据交换，并从网络消息封装、对象重构及对象引用 3 个方面加以分析和实现。

4.2　传统的数据交换技术

传统的数据交换接口有专用接口和通用接口两种。专用数据接口是将 A 系统中的数据通过专用的数据接口程序直接转化为 B 系统的数据格式，属于点对点的数据交换方式，这种交换方式的优点是交换数据的运行效率高且不会丢失数据，缺点是接口程序不通用。通用接口是利用一种与系统无关的标准数据格式文件实现数据交换，目前常用的数据接口标准格式有：Parasoklid、IGES、STEP、STL、PDES 等。国际上数据交换技术的发展过程如图 4–1 所示。

1. IGES 标准

美国国家标准协会（ANSI）公布的 IGES 标准是在美国国家标准局的指导下制定的。IGES 作为 CAD/CAM 系统之间图形信息交换的一种规范它是由一系列产品的几何、结构、绘图和其他信息组成。IGES 标准可以处理 CAD/CAM 系统中大部分信息，用来定义产品几何形状的现代交互图形。

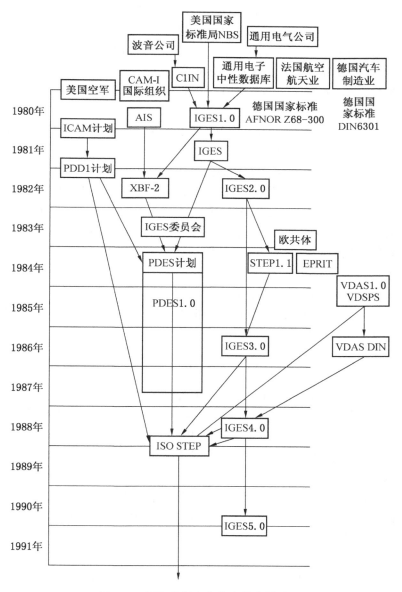

图 4-1 国际数据交换技术的发展过程

IGES 到目前为止已经发展到了第 5 个版本。IGES2.0 版本是在 1.0 版本的基础上扩大了几何实体范围，并增加了有限元模型数据的交换。1987 年的 3.0 版本又增加了处理更多的制造用非几何图形信息的功能。紧接着在 1989 年和 1990 年公布的第 4 版本和第 5 版本，增加了实体造型的 CSG 表示和实体造型的 B-rep 表示。

IGES 标准的缺点：

（1）由于 IGES 标准的目的是在屏幕上显示图形或用绘图机绘出图形、尺寸标注和文字注释，因此它主要是从几何图形方面的信息而不是产品定义的全面信息来定义实体的。它所面向的对象是人，而不是计算机，所以 IGES 不能用于 CAD/CAM 的集成。

（2）IGES 数据传输的不可靠。这主要是因为两方面的原因造成的：一方面是部分数据的丢失，因为在一个 CAD 系统中只有部分数据能转换成 IGES 数据；另一方面是数据交换的失败，这是由于 IGES 的一些语法结构有二义性，不同的系统会对同一个 IGES 文件给出不同的解释所导致的。

（3）其交换文件所占的存储空间大，影响数据文件的处理速度和传输效果。

2. STEP 标准

STEP 标准是计算机可以识别的产品数据和国际交换标准。STEP 作为一个中性机制它能够描述产品从设计、制造、使用、维护、报废等的整个生命周期的数据，且不依赖于具体的系统。这种描述是实现产品数据库共享和存档的基础。产品的整个生命周期中的不同部门和地方产生许多复杂的信息，这就要求产品信息要能以计算机能够理解的形状在不同的计算机系统之间进行交换时保持一致和完整。产品信息数据的表达和交换包括信息的存储、传输、获取和存档，这些构成了 STEP 标准。STEP 标准区分开了产品信息表达和数据交换的方法。

STEP 标准的缺点：

（1）STEP 标准虽然已经优于 IGES，能够从理论上通过物理层和逻辑层的数据交换实现信息交换的方法，但在资源的定义、面向具体应用领域的参照模型的建立、程序实现、特征造型的实施及对象库的管理和使用等多方面还未能达到实用。

（2）很难实现产品的统一管理、冗余控制、同步性维护和全局优化。

（3）仅仅依靠数据交换技术很难实现开发活动约束及特定外部过程约束的智能决策支持机制。尽管许多著名的计算机软件、硬件产品厂商都声称在产品中支持 IGES、STEP 等产品数据交换标准，但结果并非如此。世界上各种 CAD/CAM 集成软件（如 CATIA、Euclid、Pro/Engineer、CADDS5、UGII 及 I-DEAS 等），都只是某些方面具有优点，故大型企业往往同时使用几种 CAD/CAM 软件系统才能满足自己的需要，结果导致软件之间进行数据交换时丢失信息。

4.3　采煤机零部件 CAE 分析数据交换的要求

面向服务架构的采煤机零部件 CAE 分析中需要交换的数据包括以下两种：

（1）与采煤机零部件设计有关的数据：

描述采煤机、零部件形状和尺寸的几何/拓扑信息；含有工程技术说明的图形信息；描述采煤机零部件基本性能和结构性能的工艺信息；描述采煤机零部件的结构/连接信息；描述采煤机零部件的功能信息；管理信息；通信有关信息；特性变化的参数化信息；用于方法和规则制定的过程/方法信息。

（2）采煤机零部件设计的描述信息：

采煤机零部件形状；加工公差、表面质量和材料特性；计算结果；采煤机零部件的功能关系和结构；管理和控制数据。

根据面向服务架构的采煤机零部件 CAE 分析交换的数据特点，可知 CAE 分析数据交换应满足以下要求：

（1）数据交换应该尽可能的不引起几何模型、分析参数、分析结果等信息的丢失，以确保数据在客户端具有进一步的可处理性。

（2）信息描述的数据量要小。

（3）产生和解释几何模型、分析参数、分析结果等信息的效率高。

（4）客户可以轻松编辑模型几何参数。

4.4　采煤机非壳体零件的数据交换方法

成功的数据交换可简化输入环节，降低成本，降低数据出错率，是采煤机零部件 CAE 分析服务实现的重要前提之一。数据交换可以通过接口技术来实现，接口是指通信过程中进行信息交换的一系列条件、规则和协议。通用的接口包括语言接口、程序接口和数据接口，如图 4-2 所示。

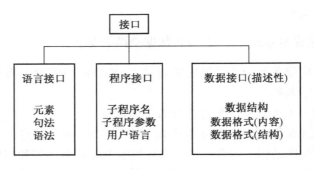

图 4-2　接口类型

根据采煤机非壳体零件 CAD 模型和分析模型的区别、CAE 分析过程的特点、实现远程分析的接口技术和封装技术的特点，提出一种隐性特征的数据交换方法。该方法以采煤机非壳体零件的几何模型表达为主，通过交换模型特征的隐性参数信息（即几何参数、边界条件和形状参数、几何约束等）和相互之间的约束关系[115][118]，由客户端调用几何建模软件实现模型重组。

采煤机非壳体零件 CAE 分析数据交换过程（图 4-3）如下：

（1）CAD 模型数据的网络传输：获取 CAD 模型特征操作信息；通过 UDP 发送服务器。

（2）采煤机零部件 CAD 模型到采煤机零部件 CAE 分析模型的数据交换：CAD 模型网络特征操作；用户下载模型并更改模型后上传至服务器，服务器自动识别更改特征；提取特征的所有隐性参数；采用 XML 将更改特征消息进行封装。

（3）API 函数的网络传输：获取分析特征操作参数的信息；通过 UDP 发送服务器。

（4）CAE 分析时网格大小、边界条件、受力情况等信息的传送：获取分析参数信息；封装后发送至服务器。

（5）计算结果数据网络传输：本机获取计算结果数据包含分析结果图形；封装分析结果；通过 UDP 发送远程客户端。

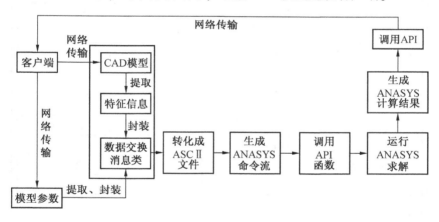

图 4-3　采煤机非壳体零件数据交换过程

基于服务架构技术，在采煤机零部件 CAE 分析系统中定义了由零件模型类、CAE 分析类型类和 CAE 分析结果类组成封装机制构成的消息事件来提供由表到里的深度封装，如图 4-4所示。

零件模型类封装实行将对象转化为类的序列化封装，以便操作消息类和具体特征操作类能实现自动序列化封装。同时给出统一的消息事件发送和接受机制的定义[116,117]。

CAE 分析类型分为采煤机零部件静力学分析事件、采煤机零

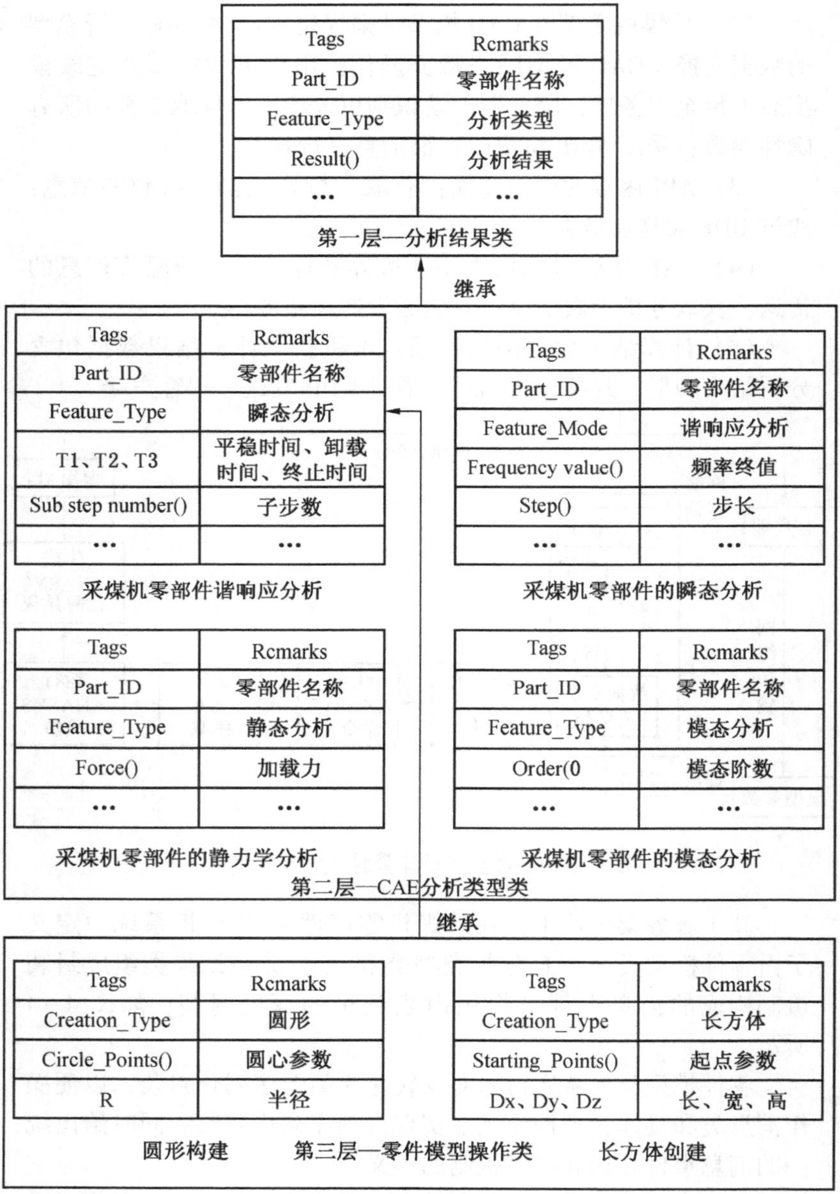

Tags	Rcmarks
Part_ID	零部件名称
Feature_Type	分析类型
Result()	分析结果
...	...

第一层—分析结果类

继承

Tags	Rcmarks
Part_ID	零部件名称
Feature_Type	瞬态分析
T1、T2、T3	平稳时间、卸载时间、终止时间
Sub step number()	子步数
...	...

采煤机零部件谐响应分析

Tags	Rcmarks
Part_ID	零部件名称
Feature_Mode	谐响应分析
Frequency value()	频率终值
Step()	步长
...	...

采煤机零部件的瞬态分析

Tags	Rcmarks
Part_ID	零部件名称
Feature_Type	静态分析
Force()	加载力
...	...

采煤机零部件的静力学分析

Tags	Rcmarks
Part_ID	零部件名称
Feature_Type	模态分析
Order(0	模态阶数
...	...

采煤机零部件的模态分析

第二层—CAE分析类型类

继承

Tags	Rcmarks
Creation_Type	圆形
Circle_Points()	圆心参数
R	半径

Tags	Rcmarks
Creation_Type	长方体
Starting_Points()	起点参数
Dx、Dy、Dz	长、宽、高

圆形构建　　　第三层—零件模型操作类　　　长方体创建

图 4-4　特征消息封装

部件模态分析事件、采煤机零部件瞬态分析事件和采煤机零部件谐响应分析事件4种。①采煤机零部件静力学分析事件：主要在采煤机零部件 CAE 分析过程中，由客户端产生，用来封装零件模型修改的隐性参数和修改静态分析参数，通知服务器对该零部件模型进行相应的操作，包括几何参数特征，参数名称（标识）、参数具体类型、布尔特征声明等；②采煤机零部件模态分析事件：与静力学分析事件不同的是，它用来封装零件模型修改的隐性参数和修改模态分析所需要的参数，包括几何参数特征，参数名称（标识）、参数具体类型、模态阶数等；③采煤机零部件瞬态分析事件：与静力学分析事件不同的是，它用来封装零件模型修改的隐性参数和修改瞬态分析所需要的参数，包括几何参数特征，参数名称（标识）、参数具体类型、子步数、平稳时间、卸载时间、终止时间等；④采煤机零部件谐响应分析事件：与静力学分析事件不同的是，它用来封装零件模型修改的隐性参数和修改谐响应分析所需要的参数，包括几何参数特征，参数名称（标识）、参数具体类型、模态阶数、频率终值、步长等。

CAE 分析结果类是从 CAE 分析类型类派生，由服务器生成，用来封装零部件名称、分析类型、分析结果图片及分析结果文件等。

下面为实体拉伸的特征消息封装：

```
[Serializable]                        //对该类进行序列化处理
class CADMsgDraw3DFaceExtrude：CADMessage
{
CAD_ MESSAGE_ TYPE MessageType
                                      //拉伸消息名称属性
int ExtrudeType；                      //拉伸方式
Plane m_ RefPlane；                    //参考面
GeoObjectList m_ Sketch；              //草图轮廓
GeoVector m_ RefDirection1；           //拉伸方向1
```

```
End_ condition_ extrude EndCondition1;
                              //在方向 1 上的拉伸终止条件
double m_ dDeep1;             //沿拉伸方向 1 上拉伸距离
GeoVector m_ RefDirection2;   //拉伸方向 2
End_ condition_ extrude EndCondition2;
double m_ dDeep2;
bool m_ ExtrudeMode;          //加、减材料
……}
```

4.5　采煤机壳体零件的数据交换方法

　　本节深入分析采煤机壳体零件 CAD 模型的几何形状及结构关系特点，提出一种补模式-LOD 数据交换方法。该方法首先通过识别模型的混合区域找到切割环，然后将模型分解成若干面壳，最后通过构造 1EE 或 2EE 面填充收缩分割环，将面壳封闭为若干单元实体，数据传输后，客户端生成保持功能特征的 LOD 模型，以实现采煤机壳体零件几何模型数据交换。

4.5.1　模型分解

　　采煤机壳体类零件多数表面结构不规则，本节只研究由三角平面片构造的拓扑模型。采煤机壳体类零件的模型 M 可以表达为：

$$M = \sum_{i=0}^{n} Triangle_i, \quad Triangle_i = [V_i, V_j, V_k] \quad (4-1)$$

式中，V 是采煤机零件三维空间的几何点。

1. 识别采煤机壳体类零件模型中的切割环

　　采煤机壳体类零件模型中面区域可分为凸区域、凹区域、过渡区域和混合区域[119]。设 $D \subseteq R^2$ 是凸区域，$f(x, y)$ 是在 D 上有定义的函数，若 $f(x, y)$ 是 D 上的凸函数，则称曲面 $\sum: z = f(x, y)$，$(x, y) \in D$ 是凸曲面。若区域中的所有面为凸曲面或者平面，且面的边界中不存在凹边，则称之为凸区域；反之是凹区域。若区域中曲面的凹凸性与边的凹凸性不一致，或者区域中

面的边界同时存在凹边和凸边，则称之为混合区域 HR。根据上述定义，在采煤机外牵引的机壳立板模型中，找到部分混合区域，如图 4-5 所示。

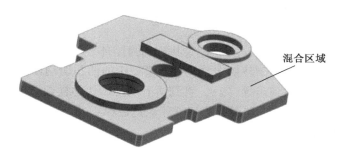

图 4-5　采煤机牵引部机壳立板模型的部分混合区域

在混合区域中识别切割环（The cutting ring），若找到切割环，记录切割环，否则模型不可分割。切割环可以将采煤机的壳体零件分割成两个体积不等于零的面壳。切割环分为凸切割环和凹切割环（图 4-6）两类。

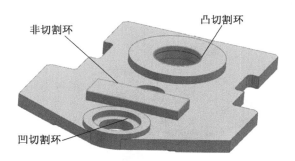

图 4-6　采煤机牵引部机壳立板中的切割环

为实现采煤机壳体零件模型中切割环（The cutting ring）的自动识别，提出一种面向凸边的广度优化搜索算法，主要包括凹凸切割环的识别。

凹凸切割环识别的过程如下：

（1）将零件模型的凸凹边集合中所有边，标记为未遍历。

（2）在边集合中选取一条未遍历边作为种子边，记为 e_1，并标记为遍历标志。

（3）递归遍历 e_1 的未被遍历的邻接边 e_n，e_n 与 e_1 具有相同的凸凹性，标记 e_n 为遍历标志。

（4）重复步骤（3），记录找到的封闭环。

（5）根据切割环的定义，找到模型中的凹凸切割环。

（6）转跳到步骤（2），直到所有的凸凹边均被遍历。

混合凹切割环和混合凸切割环识别过程：

step1：找到凹边或者凸边。

step2：找到平面边。

2. 面封闭过程

面封闭实际上是封闭上节识别的切割环。封闭如图 4-6 所示的采煤机牵引部机壳立板中的切割环只需用一个确定的圆柱面即可，记为第一类切割环；封闭如图 4-7 所示的采煤机牵引部机壳左侧板所需要的面壳则比较复杂，填充面个数超过 1 个，而且不能预先确定填充面的边界，记为第二类切割环。封闭此类切割环的面壳流程：

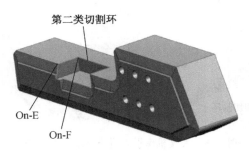

图 4-7　采煤机牵引部机壳左侧板中的第二类切割环

step1：构造面填充切孔；像采煤机牵引部机壳左侧板这样复杂的零件，其延伸面之间的关系复杂，使得直接判别裁减延伸面上的交边有很大难度，所以在封闭这一类切割环产生的面壳需要解决：①构造什么类型的填充面；②面的填充顺序。

step2：切割环收缩，收缩算法见 4.5.1 中的 4；

step3：多次收缩直到切割环收缩到一个面上，使其成为只需一个面即可封闭面壳的切割环。

3. 面填充顺序确定

上节中介绍的封闭方式的主要问题之一是构造什么样的填充面。切孔上可构造两种面：①只存在一条交边的面叫做单边延伸面记为 1EE 面；②如果面上存在两条交边，记为 2EE 面。如图 4-7 所示采煤机牵引部机壳左侧板的切割环中存在 2 个 On-E 角点，用切割环上的所有切边延伸填充切孔，成为单连通区域 R，那么该切割环中最少有一个 1EE 面或 2EE 面。

如图 4-8a 所示切孔有 n 个边角点，记作 $c_i(1 \leqslant c_i \leqslant n)$，$c_1$、$c_2$、$\cdots$、$c_n$ 按图示顺序排列。单连通区域中填充面的顶点和边的连接关系记作 G。G 与填充面的点边关系：$v_i = f(V_i)$，$e_j = f(E_j)$，v_i，$e_j \in G$，v_i 和 e_j 分别表示点和边。根据林[11]的定义可知 G 是一个林，记为 $G = \bigcup\limits_{i=1}^{k} T_i$，其中 T_i 为树，$D(T_i)$ 为树的节点数目。T_i 的根节点和叶节点都是切孔角点 c_i。G 中的节点和边放在同一个平面上（图 4-8b）。通过搜索 T_i 的节点寻找对应的填充面。树 T_j 包含 c_1 顶点：①if$D(T_j) = 2$，那么 T_j 中只有两个节点：c_1 和 c_t。如果 $t = 2$，那么 c_1、c_t 就对应一个 1EE 面；如果 $t \neq 2$，那么 c_1、c_t 之间存在其他树 T_k，那么转换到 T_k 中搜索；②if$D(T_j) > 2$，那么填充面上的每一个顶点包含的几何边大于 2，T_j 包含根节点，其他父节点有两个以上子节点：判断两个子节点之间是否存在其他树 T_k，主要看其下标值是否连续，经过判断存在其他树，则转换到 T_k 中搜索。从上面的推导可知，G 中要么只存在两个连续的节点，要么存在两个连续的叶节点共用一个父节点，这样才能解决构造什么样的填充面的问题。根据上述理论还可以得出填充顺序的推论。

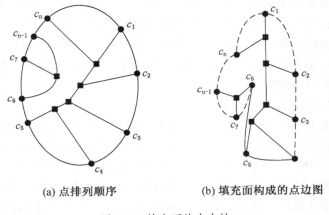

(a) 点排列顺序　　　　　　(b) 填充面构成的点边图

图 4-8　填充面的存在性

4. 面封闭算法

图 4-9 所示为面封闭算法，应用该算法对采煤机牵引部机壳左侧板完成封闭过程。图 4-10a 所示为原始切孔，封闭过程中首先要找到不和其他面发生干涉的构造 1EE 面或者 2EE 面，如图 4-10b 所示为采煤机牵引部机壳左侧板零件模型中构造的 2EE 面收缩 1 次后的实体模型。图 4-10c 是收缩 7 次后的实体模型。

5. 实验结果与讨论

利用 VisualC++和三维实体几何引擎 ACIS 实现面封闭算法，试验采用计算机为 Inter(R) Xeon(R) CPU 1.80 GHz，2 GB 内存。我们选择了 2 个采煤机壳体类零件进行试验来验证上述算法的有效性和可行性，实验中选取的零件模型以及分解后的结果如图 4-11 所示，可知分解效果较好。

为检验该算法的效率，选取了采煤机的 15 个壳体类零件模型进行试验，从图 4-12 可以看出，多数零件的分解时间小于 1 s，少数面数量超过 100 的零件模型，其分解时间为 $1 < t < 1.5$ s。这充分证明该方法具有高效率。

将采煤机牵引部的机壳立板按照切模方法和补模方法进行比较，该模型存在圆孔、U 型槽等特征，其中圆孔是起连接作用，

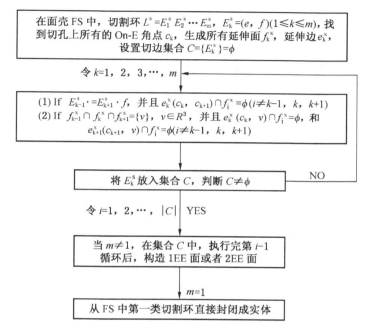

在面壳 FS 中，切割环 $L^s = E_1^s E_2^s \cdots E_m^s$, $E_k^s = (e, f)(1 \leqslant k \leqslant m)$, 找到切孔上所有的 On-E 角点 c_k, 生成所有延伸面 f_k^x, 延伸边 e_k^x, 设置切边集合 $C = \{E_k^s\} = \phi$

令 $k=1, 2, 3, \cdots, m$

(1) If $E_{k-1}^s \cdot = E_{k+1}^s \cdot f$, 并且 $e_k^x(c_k, c_{k+1}) \cap f_i^x = \phi(i \neq k-1, k, k+1)$
(2) If $f_{k-1}^x \cap f_k^x \cap f_{k+1}^x = \{v\}$, $v \in R^3$, 并且 $e_k^x(c_k, v) \cap f_i^x = \phi$, 和 $e_{k+1}^x(c_{k+1}, v) \cap f_i^x = \phi(i \neq k-1, k, k+1)$

将 E_k^s 放入集合 C, 判断 $C \neq \phi$

NO

令 $i=1, 2, \cdots, |C|$ YES

当 $m \neq 1$, 在集合 C 中，执行完第 $i-1$ 循环后，构造 1EE 面或者 2EE 面

$m=1$

从 FS 中第一类切割环直接封闭成实体

图 4-9　面封闭算法过程

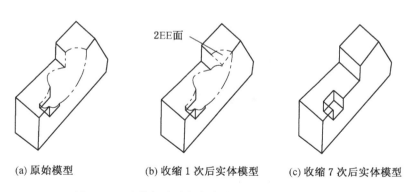

(a) 原始模型　　　(b) 收缩 1 次后实体模型　　　(c) 收缩 7 次后实体模型

图 4-10　采煤机牵引部机壳左侧板面封闭算法过程

主要链接导向滑靴和传动系统，因此分解该模型时，最好能体现

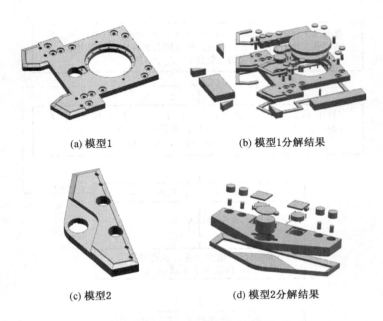

(a) 模型1　　　　　　　　　　　(b) 模型1分解结果

(c) 模型2　　　　　　　　　　　(d) 模型2分解结果

图 4-11　采煤机壳体类零件模型分解结果

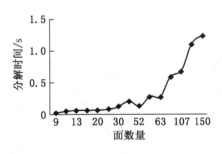

图 4-12　算法效率曲线

这些设计结构。图 4-13 是试验结果对比，从图 4-13b 中可以看出切模法得到的分割体无法体现零件的设计特征和功能特征，仅是分割成各种形状，分割体之间找不到特征联系；而补模方法则体现了特征之间的联系，反映了零件的设计特点和功能。

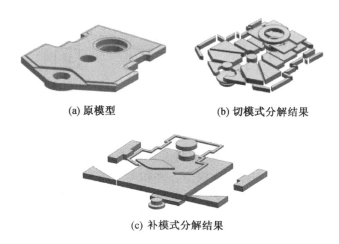

(a) 原模型 　　　　　(b) 切模式分解结果

(c) 补模式分解结果

图 4-13　采煤机牵引部的机壳立板分解试验结果对比

4.5.2　LOD 模型生成

采煤机壳体类零件模型经过补模式分割后变为结构树，通过对树的叶节点进行删除或简化，可以生成采煤机壳体类零件的 LOD 模型。零件的简化和删除需要通过零件的代价函数来判定，函数值最小的零件将被删除。零件的代价函数如下：

$$C(M_i) = \frac{V_i}{V} \tag{4-2}$$

式中，V 为原始模型 M 的最小外包体积；V_i 为特征部件 M_i 的最小外包体积。

采煤机壳体类零件的 LOD 模型生成步骤为：

（1）节点删除，图 4-14 选择式（4-2）中 C 值最小的 A3，将 A3 删除并作删除标记，同时共面处理 A4，并将结果存储在 A3 上；（2）节点收缩，如图 4-14 所示的 A1 有两个子节点 A3 和 A4，如果 A3 删除，则 A1 和 A2 收缩，形成一个父节点，并将 A1 的内容存储至此。最终，结构树中所有叶子节点的组合生成 LOD 模型。

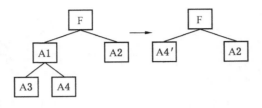

图 4-14 节点简化

本节选取采煤机的两组零件，通过选取不同的阈值 T，将两组试验数据生成三层 LOD 模型，并和多分辨率生成算法 Qslim 在相同的简化率下进行比较，如图 4-15 和图 4-16 所示，图 4-15 中 LOD0 表示原模型，LOD1 的三角面片数量为 97，LOD2 的三角面片数量为 34；图 4-16 中 LOD1 的三角面片数量为 1549，LOD2 的三角面片数量为 276。可以看出，TLnsd 方法产生的 LOD 模型较好保持了机械零件的结构特征，而 Qslim 所生成的 LOD1 基

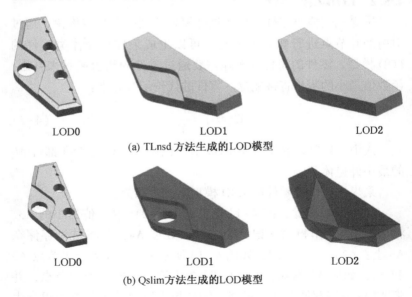

LOD0   LOD1   LOD2
(a) TLnsd 方法生成的 LOD 模型

LOD0   LOD1   LOD2
(b) Qslim 方法生成的 LOD 模型

图 4-15 生成 LOD 模型试验对比结果（组 1）

本保持了模型的结构特征，但是 LOD2 出现了严重的结构变形，破坏了其原有的结构特征。

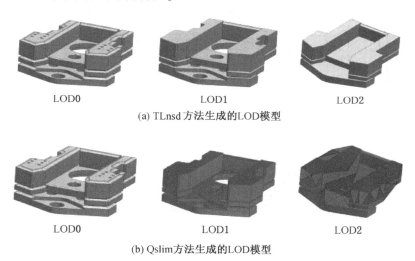

(a) TLnsd 方法生成的 LOD 模型

(b) Qslim 方法生成的 LOD 模型

图 4-16　生成 LOD 模型试验对比结果（组 2）

4.6　采煤机零部件 CAE 分析对象引用方法

采煤机零部件 CAE 分析过程中保持服务器和客户端模型对象的一致是实现数据传送的关键。模型对象包括零件名称、零件几何参数、拓扑关系、分析类型、分析参数等。由此可得出零件名称、分析类型等对象可采用名称引用方法实现对象引用，即在采煤机零部件 CAE 分析服务过程中客户对零件进行编辑（修改或者删除）时的零件名称、几何尺寸参数、分析参数等，可以通过采煤机零件关键字来标识引用。图 4-17a 所示为采煤机截割部摇臂零部件截一轴几何尺寸参数引用方法，图中的 D1、D2、L1、L2、L3 分别为截一轴的几何参数，如图 4-17b 所示。

如在采煤机零部件 CAE 分析中进行特征创建时作为辅助参照的几何拓扑关系和几何基准等这样的对象需要采用八叉树几何

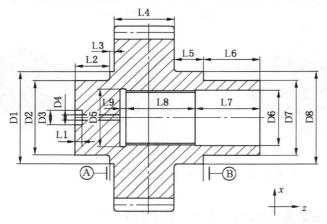

类型	标识		类型	标识		类型	标识
...	...		D1	1		D1	21
D1	11		D2	2		D2	22
D2	12		L1	3		L1	23
L1	13		L2	4		L2	24
L2	14		L3	5		L3	25
L4	15		...	...		...	...

(a) 采煤机摇臂截一轴模型之间的几何参数引用方法

(b) 采煤机摇臂截一轴模型几何参数示意图

图 4-17　采煤机摇臂截一轴模型之间的几何参数引用方法及几何参数示意图

匹配算法实现引用。

1. 理论基础

Hoffman[120]采用几何证书（Geometry Certificate）的方法，本文将间接引用对象的几何证书定义为 (I, T, G)，其中，I 为对象名称对应的标号；T 为对象类型，例如轴线、圆心、球心、素线等；G 为对象的尺寸、坐标、基准等。

对象类型不同，对应的描述它的尺寸、坐标和基准也不同。如果对象属于点，则用几何坐标描述，记为 $G = (x, y, z)$；如果是直线，则用 $G =$（Point, Vector）描述，其中 Point 指直线上的点，Vector 指矢量；如果是圆弧段，可用圆心、半径及中心角进行描述，记为 G =（Center, Radius, Central Angle）；如果是平面，则平面的描述方法与直线相似，均采用点和矢量，不同的是平面采用的为法矢量。

2. 几何匹配算法概述

根据网络消息确定一个被引用对象时，首先给定形状单元的拾取类型，被引用对象的几何特征值 G 设定特征点，以此特征点为中心，构建了一个 AABB 层次包围盒[121-124]，边长可根据当前场景的绘制精度设定，该盒称为特征包围盒；然后利用特征包围盒与动态八叉树各节点碰撞求取确定被引用对象的本地标识号[118]。

特征操作消息类中的间接引用对象用以下方式定义：

Struct Indirect Identification

{

Int Object_ Number;

Int Reference_ Type;

GeoObject Geo_ Type;

GeoPoint Geo_ FeaturePoint;

GeoFeatValue GeometryFeatureValue;

}

其中，Object_ Number 为对象在用户客户端的检索号；

Reference_ Type 为对象引用类型，Reference_ Type = 1 为间接引用对象；

Geo_ Type 为引用对象的几何类型；

Geo_ FeaturePoint 为引用对象中选取的特征点；

GeometryFeatureValue 为引用对象的几何特征值 G。

3. 算法实现

几何匹配算法实现流程如图 4-18 所示，该算法包括碰撞检测、类型筛选和对象判定 3 个阶段。

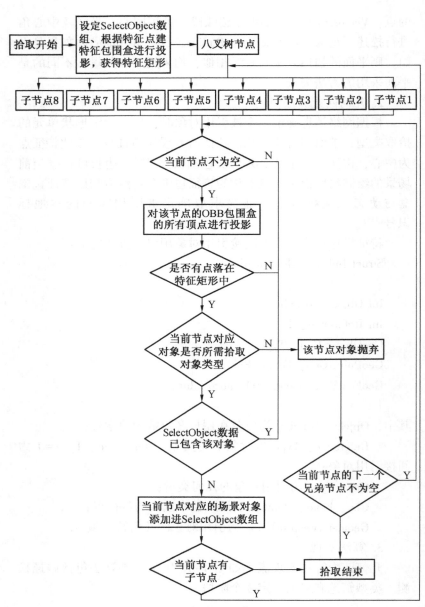

图 4-18　几何匹配算法流程

4.7　小结

本章通过分析面向服务架构的采煤机零部件 CAE 分析数据交换要求，提出了基于补模式–LOD 的采煤机壳体类零件几何模型数据交换方法，保证了模型的功能特征和设计特点；采用一种引用机制以保证采煤机零部件 CAE 分析过程中保持服务器和客户端模型对象的一致性。

5 面向服务架构的采煤机零部件 CAE 分析服务模型

5.1 引言

面向服务架构的采煤机零部件 CAE 分析 SOSPA （Service Oriented Shear parts Analysis） 通过 "服务" 来获取整合采煤机 CAE 分析的所有知识资源，并依照规范规则表示和保存相关的分析服务，依照服务的基本思想划分采煤机零部件的 CAE 分析模块，确定它们之间的功能逻辑关系，以促进采煤机零部件 CAE 分析在 Internet 范围的共享和集成。SOSPA 的基本思想是：基于服务架构的理论思想，将采煤机零部件的 CAD 建模与 CAE 分析相关的知识和技术资源封装，提供分析服务。在 SOSPA 分析系统中，客户可根据自己设计分析的需要从不同的分析服务模块中选择分析服务，并得到分析结果资料。

5.2 采煤机零部件 CAE 分析服务模型构建方法

采煤机零部件 CAE 分析服务建模过程包括分析服务构建和分析服务流发现、规约和实现，其中，服务流也称为服务的编排[125]。服务建模反映采煤机零部件 CAE 分析对象、方法等内容，并确定其编排方式。

服务发现采用自上而下的方式从采煤机零部件 CAE 分析任务中进行分析，并将其流程逐级分解成若干分析活动。该服务发现可实现的分析任务包括结构静态分析、模态分析、瞬态分析、谐响应分析等领域分析，并分解建模，按照服务的要求提供相应的功能。

服务发现后得到服务目录，根据一定的规则来决定其分析服务粒度及模型精度等。不同的分析阶段采用不同的模型精度，分析服务选择调用不同粒度的结构模型。本文采用可重用规则以减少重复的功能实现，降低开发和维护的成本。

　　服务实现根据采煤机零部件 CAE 分析领域的理解和现有系统分析，将服务的实现分配到相应的服务组件，并决定服务的实现方式。本文选用重新开发相关功能提供服务实现形式，并对其进行技术可行性分析。

5.3　采煤机零部件 CAE 分析模型

　　采煤机零部件的设计模型详细表示了结构性能、几何尺寸等各种信息；分析模型则是简化了结构细节尺寸，更注重其针对性的约束条件、工况等信息。因此设计模型无法被分析模型有效地重用[126-128]。

　　根据采煤机的结构功能，本书将采煤机分为截割部摇臂（图 5-1）、调高油缸、内牵引和外牵引四个大部分，摇臂传动系统分解图如图 5-2 所示，图中数字 1~9 代表摇臂的主要组合零件，按照结构顺序命名，1 为截一轴组，2 为截二轴组件，3 为截三轴齿轮，4 为截三轴齿轮轴，5 为截四轴组件，6 为截五轴齿轮，7 为截五轴齿轮轴，8 为行星减速器组件 1，9 为行星减速器组件 2。调高油缸由缸体和活塞杆组成；内牵引传动系统主要由内牵引电机轴、牵引轴、太阳轮齿轮、太阳轮轴、惰轮组件、行星齿轮等组成，如图 5-3 所示。外牵引由机壳、惰轮组件、导向滑靴及一系列齿轮和齿轮轴组成，如图 5-4 所示。

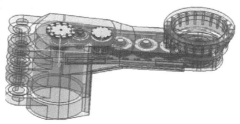

图 5-1　截割部摇臂装配图

图 5-2 摇臂传动系统分解图

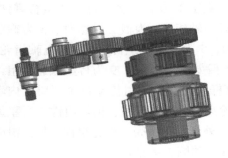

图 5-3 内牵引传动系统装配图

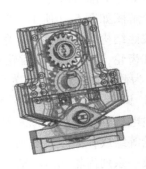

图 5-4 外牵引装配图

采煤机零部件有限元建模流程如图 5-5 所示。本文基于上述资源本体原理，利用 ANASYS 建模技术、APDL 编程技术等建立采煤机零部件的参数化实体模型，为后续分析提供模型基础[129-132]。

下面是采煤机外牵引惰轮组件参数化实体建模的部分程序：

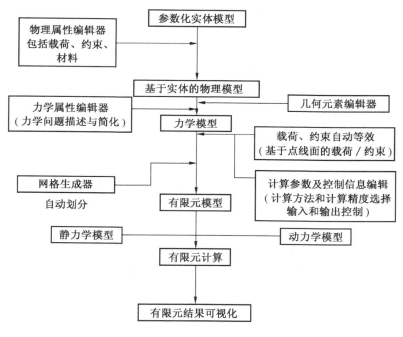

图 5-5　有限元建模流程

```
* SET, m, 7                                              ! 定义模数
* SET, z, 49                                              ! 齿数
* SET, pi, 3.1415926
* SET, angle1, 20 * pi/180.0                            ! 压力角
* SET, ha, 1.0                               ! 正常齿制的齿顶高系数
* SET, c, 0.4                            ! 正常齿制的顶隙系数选择
* SET, r, 0.5 * m * z                             ! 分度圆半径
...
* SET, angle3, (pi/2.0/z + tan(angle1) - angle1) * 180.0/pi
                                   ! 初始的偏转角(其值不能改变)
* SET, angle4, (pi/2.0/z + tan(angle1) - angle1) * 180.0/pi
                                           ! 对称偏转角
```

```
*SET, zz, 2*(ha + c)/(1 - cos(angle1))
/prep7
MP, EX, 1, D1
MP, PRXY, 1, D2
csys, 4                                    ! 激活工作坐标系
wprot, -angle3, 0, 0                       ! 初始偏转角度
K, 1, 0, 0                                 ! 绘制原点(编号为1)
*do, t, 0, 1, 0.01                         ! 描点
*SET, x, rb*(cos(t) + t*sin(t))            ! 渐开线方程
*SET, y, rb*(sin(t) - t*cos(t))
k,, x, y, 0                                ! 开始描点
……
VADD, P51X
CYLIND, DA/2, 0, 0, -LE, 0, 360,
FLST, 2, 2, 6, ORDE, 2
FITEM, 2, 2
FITEM, 2, 5
VADD, P51X
BLC4, -DE/2, -LB, DE, LB, -LA
FLST, 3, 1, 6, ORDE, 1
FITEM, 3, 2
VGEN,, P51X,,, 0, DE/2, LD + LC,,, 1
VSBV, 4, 2
SAVE
FINISH
```

由于从实体模型到有限元模型转化过程中，需要经过添加物理属性和力学属性及生成网格等，所以不同的分析模式所需要的有限元模型不同。

5.3.1 静力学分析模型

在实体模型的基础上，定义材料属性，划分网格，根据对零

部件受力分析得出的平衡方程，施加载荷，定义约束，生成静力学分析模型[135]。

以某型号采煤机摇臂的电机轴为例建立静力学分析模型，采煤机摇臂是通过摇臂电机轴输出扭矩，传递给摇臂中的传动件，最后传递到滚筒上实现工作。电机的扭矩轴不仅起到传递动力的作用，而且还承担过载保护的作用[10]。实体模型建立后，设置物理属性，材料为 40CrNiMoA，力学性能见表 5-1。

表 5-1　40CrNiMoA 力学性能

抗拉强度 σ_b/MPa	屈服强度 σ_s/MPa	伸长率 δ_5/%	断面收缩 ψ/%	冲击韧性值 a_k/(J·cm^{-2})
980	835	12	55	98
密度 ρ/(kg·m^{-3})	弹性模量 E/GPa	泊松比 ν	导热率/℃$^{-1}$	冲击功 A_k/J
7.8×10^3	209	0.25	1.26×10^{-5}	78

受力情况：采煤机截割部电动机功率 P = 750 kW，电动机转速 n = 1485 r/min；

电动机的扭矩：

$$T = \frac{9550 \cdot P}{n} = \frac{9550 \times 750}{1485} = 4823.2 \text{ N} \cdot \text{m}$$

某型号采煤机扭矩轴的破坏扭矩，按电动机近两倍的额定功率传递到扭矩轴时确定，其值为 9141.7 N。扭矩轴的破坏扭矩主要取决于扭矩轴的结构特征、材料力学性能和卸荷槽形状等因素。默认划分网格密度等级为 10。根据上述方法生成有限元静力学模型，部分程序如下：

```
/PREP7
ET, 1, PLANE42
ET, 2, SOLID186
MP, EX, 1, 209000
MP, PRXY, 1, 0.295
```

MP，DENS，1，7.84e-3

......

k，29，19.25 * xb，134 * xb，0

LSTR，　　7，　　　8

LSTR，　　　8，　　　9

......

AL，all

MSHAPE，0，2D

MSHKEY，0

ASEL,,,,　　　1

AMESH，all

TYPE，　2

EXTOPT，ESIZE，5，0，

EXTOPT，ACLEAR，1

EXTOPT，ATTR，1，0，0

REAL，_ Z4

ESYS，0

FLST，2，1，5，ORDE，1

FITEM，2，1

FLST，8，2，3

FITEM，8，18

FITEM，8，17

VROTAT，P51X,,,,,,P51X,,360，4，

CSYS，5

NROTAT，all

FINISH

5.3.2　动力学分析模型

按照有限元法得到结构运动方程[133-134]：

$$[M]\{\ddot{u}\} + [C]\{\dot{u}\} + [K]\{u(t)\} = \{F\}$$

其中，$[M]$、$[C]$、$[K]$ 分别是质量矩阵、阻尼矩阵、刚度

矩阵，$\{\ddot{u}\}$ 表示节点加速度矢量，$\{\dot{u}\}$ 表示节点速度矢量，$\{u\}$ 表示节点位移矢量。模态分析令 $F=0$，$[C]=0$；谐响应分析令 F 和 $u(t)$ 为谐函数（例如 $X\sin(\omega t)$，X 为振幅）；瞬态分析方程为：$[M]\{\ddot{u}\}+[C]\{\dot{u}\}+[K]\{u(t)\}=\{F(t)\}$，式中 F 随时间的变化而变化。

1. 模态分析模型

采煤机的零部件结构复杂，大多带有齿轮或者花键等，因此在模态分析时，需要在保证分析精度的基础上尽量采用低阶模态，以提高分析效率。故本文采用 Lanczos 算法[136-137]，利用三项递推关系产生一组正交规范的特征向量，同时将原矩阵化为三对角阵，将问题转化为三对角阵的特征向量求解。

模态分析运动方程：

$$[M]\{\ddot{u}\}+[K]\{u\}=0$$

方程的解为：

$$u(t)=\{\phi_i\}\sin(\omega_i t)$$

将方程的解代入运动方程得无阻尼模态分析基本方程：

$$[K]\{\phi_i\}-\omega_i^2[M]\{\phi_i\}=0 \quad 或 \quad [K]\{\phi_i\}-\lambda_i[M]\{\{\phi_i\}\}=0$$
$$\phi^T M \phi = I$$

式中，λ_i 为第 i 阶模态的特征值，ω_i 为第 i 阶模态的固有频率，$\{\phi_i\}$ 为第 i 阶模态的特征向量。

下面为采煤机截割部摇臂截一轴的无预应力模态分析建模的部分程序

```
ESIZE, D3, 0,
MSHAPE, 1, 3D
MSHKEY, 0
VMESH, ALL
/SOL
ASEL, S, AREA,, 122, 133, 1   ! 行星架轴孔约束
NSLA, S, 1
D, ALL,, 0,,,, UX, UY,,,,
```

```
ASEL, S, AREA,, 3, 61, 2        ! 行星架齿轮约束加载
NSLA, S, 1
D, ALL,, 0,,,, UX, UY,,,,
ALLSEL, ALL
/sol
ANTYPE, 2
MODOPT, LANB, D6                 ! 模态阶数
EQSLV, SPAR
MXPAND, D6,,, 0                  ! 模态扩展阶数
LUMPM, 0
MODOPT, LANB, D6, 0, 0,, OFF    ! 频率范围
SOLVE
```

2. 谐响应分析模型

运动方程：

$$[M]\{\ddot{u}\} + [C]\{\dot{u}\} + [K]\{u(t)\} = \{F\},$$

其中，$\{F\} = \{F_{max}e^{i\psi}\}e^{i\omega t} = (\{F_1\} + i\{F_2\})e^{i\omega t}$

$$\{u\} = \{u_{max}e^{i\psi}\}e^{i\omega t} = (\{u_1\} + i\{u_2\})e^{i\omega t}$$

$$F_1 = F_{max}\cos\psi$$

$$F_2 = F_{max}\sin\psi$$

$$u_1 = u_{max}\cos\psi$$

$$u_2 = u_{max}\sin\psi$$

式中，$\{u(t)\}$ 为简谐矩阵，ω 为固有频率；ψ 为载荷函数的相位角；F_{max} 为载荷幅值；u_{max} 为位移幅值。

谐响应分析的运动方程：

$$(-\omega^2[M] + i\omega[C] + [K])(\{u_1\} + i\{u_2\}) = (\{F_1\} + i\{F_2\})$$

求解简谐运动方程的方法有完整法、缩减法和模态叠加法。本文采用模态叠加法，从前面的模态分析中得到各模态，乘以系数后求和。

下面为采煤机截割部摇臂截五轴齿轮的谐响应分析建模的部分程序：

```
SMRT, D3                                        ! 划分网格
MSHAPE, 1, 3D
……
ASEL, S, AREA,, 177, 315, 2                      ! 齿轮约束加载
NSLA, S, 1
D, ALL,,,,,, UX, UY,,,,
ASEL, S, AREA,, 160                              ! A、B 基准面加 z 约束
ASEL, A, AREA,, 176
NSLA, R, 1
D, all,,,,,, Uz,,,,,
ASEL, S, AREA,, 147, 151, 4                      ! 齿轮载荷加载
NSLA, S, 1
D, ALL,,,,,, UX, UY,,,,
allsel
finish
/sol
ANTYPE, 2
MODOPT, LANB, D6                                 ! 模态阶数
EQSLV, SPAR
MXPAND, D6,,, 0                                  ! 模态扩展阶数
LUMPM, 0
MODOPT, LANB, D6, 0, 0,, OFF                     ! 频率范围
SOLVE
```

3. 瞬态分析模型

运动方程：$[M]\{\ddot{u}\} + [C]\{\dot{u}\} + [K]\{u(t)\} = \{F\}$，其中 $\{F\} = \{F(t)\}$，即载荷是时间函数。自动时间步长和输入控制为时间-历程加载的重要组成部分。本文采用多载荷步法，允许在单个的载荷步中施加载荷-时间曲线中的一段载荷。

下面为采煤机截割部摇臂截四轴组件谐响应分析建模的部分程序：

```
 *get, area1, area, 3, area
SMRT, C3
MSHAPE, 1, 3D
……
NSLA, S, 1
 *get, num, node,, count
/SOL
ANTYPE, 4
TRNOPT, FULL
LUMPM, 0
ASEL, S, AREA,, 92, 210, 2        ! 行星架齿轮约束加载
NSLA, S, 1
D, ALL,, 0,,,, UX, UY,,,,
ASEL, S, area,, 87
NSLA, R, 1
……
LSWRITE, 1,
TIME, t1                          ! 终点时间
AUTOTS, 1
NSUBST, bc                        ! 子步个数
KBC, 0                            ! 斜坡载荷
TSRES, ERASE
SFA, 3, 1, PRES, C4/area0
LSWRITE, 2,
TIME, t2
AUTOTS, 1
NSUBST, bc
……
TSRES, ERASE
LSWRITE, 4,
```

LSSOLVE, 1, 4, 1,
SAVE

5.4 采煤机零部件 CAE 分析服务模型

采煤机零部件 CAE 分析服务的服务模型如图 5-6 所示。该模型将采煤机零部件 CAE 分析进行打包处理并封装, 其表达式为:

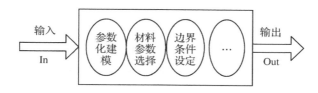

图 5-6 分析服务包的组成

SPA = ｛In, Configuration, Service Content, Out｝。其中, "In" 表示客户输入的几何参数、初始条件等信息; "Out" 表示其分析结果和详细结果文件等; "Configuration" 表示服务包内的配置; "Service Content" 表示包含可提供给客户的分析服务范围。

分析服务包的工作过程如下: SPA 获取客户输入需求信息; 采煤机零部件几何结构的内容和形式被主要服务内容和结果输出分开; 系统可提供柔性的分析服务; SPA 完成输入和输出时的接口定义, 实现基于网络的服务交互[138-140]; 配置部分对封装的知识和技术资源进行标记和分类, 依据客户输入信息配置最相近的分析模块。

1. 输入

SPA 的输入包括两个部分: In = ｛Properties, Request｝, 其中, 用户信息 "Properties" 通常包含用户的名称、联系信息、分析服务记录等属性, Properties = ｛Name, Contact Info, His-Link｝。服务要求 "Request" 根据客户选择的采煤机零部件分析服务模块的不同而不同（表5-2）。

表5-2　分析服务需求

用户需求	服　务　内　容
信息提供需求	提供采煤机及其零部件设计分析相关的技术资料、相关文献、设计规则、CAE分析技巧和方法、采煤机生产企业的产品信息等
浏览需求	用户可以浏览系统的所有分析服务流程：包括静态分析、模态分析、瞬态分析等
问题咨询需求	用户可通过在线联系方式或者E-mail与后台服务技术人员联系，解决分析过程中遇到的问题
分析需求	用户可通过系统对采煤机零部件进行各种分析
报告提供需求	分析完成后，为用户提供分析结果三维图及详细的分析结果分件，下载后用户可在软件中查看

2. 输出

SPA的输出包括如下两部分：Out = {Content, Style}。其中，"Content"来源于服务包中"Service Content"的内容；输出风格"Style"根据采煤机零部件分析服务的不同类别，输出模板分为3类：图片型输出模式；记录型输出模式；报告型输出模式。

（1）图片型输出模式见表5-3。该模式提供采煤机零部件分析后输出的图片型分析结果。

表5-3　图片型输出模式

结果图编号	结果图标题	结果图内容
1	应力图	…
…	…	…

（2）记录型输出模式见表5-4。该模式提供客户的分析记录等。

表 5-4 记录型输出模式

记录编号	信息类别	信息内容
1	…	…
…	…	…

（3）报告型输出模式提供采煤机零部件的分析报告。

3. 配置

配置指各个分析活动之间的联系，是实现采煤机零部件 CAE 分析服务的关键，有助于形成服务的模块化和信息封装，提高分析效率。

4. 服务内容

服务内容主要指该系统可实现的各种分析项目，包括静态分析、模态分析、瞬态分析等。将分析模型通过映射转化成分析服务包模型，分析服务包的内容"Service Content"套接定义如下：

①Service Content＝{Service Unit［，…］}。

②Service Unit＝{User，Title，Content}。

③Content＝{Analysis Result，Content No}。

定义①表明采煤机零部件 CAE 分析服务可以是一项分析任务服务，也可以是多个服务单元组成。

定义②表明服务单元包括了客户、项目名称、采煤机零部件 CAE 分析服务的主要内容。

定义③表示分析服务的信息，包括分析结果或者各种自信息组合而成的输出文件。

5.5 分析模型到服务模型的映射

近些年，众多专家致力于研究服务发现、调用和组合方面的问题，但更好实现服务调用和服务组合仍然是科研难题。采煤机零部件的 CAE 分析服务问题的关键技术是从在语义、属性和功能面完成采煤机零部件 CAE 分析模型到基于 SOA 服务模型的映射机制。前文对知识资源面向服务架构的建模研究，为分析服务的实现提供了物理基础。

采煤机零部件 CAE 分析模型对应分析服务的四个子层次结构，分析服务内容实现不同层次的映射，逐层映射解决问题，面向服务架构实现采煤机零部件 CAE 分析模型的重组和分解，客户可以自由访问关于采煤机 CAE 分析的知识资源，从而解决了分析模型到服务模型的映射问题。现将分析服务分为资源共享服务、资源扩展服务、零件分析服务和部件组合分析服务。下面定义了分析服务层次。

定义 1：资源共享服务

ZGS = {In, PreCondition, Effect, Description, Function, Out}

其中，"In" 是资源共享服务的输入参数；"Out" 是资源共享服务的输出参数；"PreCondition" 和 "Effect" 属于服务包定义中 "configuration" 的内容扩展，"PreCondition" 是服务执行的前置条件；"Effect" 是服务执行后的效果；"Description" 是资源共享服务的基本描述，包括关于采煤机设计分析的技术手册、相关的论文及标准、CAE 分析技巧等；"Function" 是资源共享服务可以实现的功能，例如用户可以查询、下载等。

定义 2：资源扩展服务

ZKS = {In, PreCondition, Effect, Function, Out}

其中，"In" 是资源扩展服务的输入参数；"Out" 是资源扩展服务的输出参数；"PreCondition" 和 "Effect" 属于服务包定义中 "configuration" 的内容扩展，"PreCondition" 是资源扩展服务执行的前置条件；"Effect" 是资源扩展服务执行的效果；"Function" 是资源扩展服务可以实现的功能，例如用户可以查询下载其他矿山机械的相关技术资料等。

定义 3：零件分析服务

LFS = {In, Function, Out}

其中，"In" 是零件分析服务的输入参数；"Out" 是零件分析服务的输出参数；"Function" 是零件分析服务可实现的功能，包括零件的参数化建模、零件的静态分析等。

定义 4：部件组合分析服务

$$BZS = \{In, \ Function, \ Out\}$$

其中，"In"是部件组合分析服务的输入参数；"Out"是部件组合分析服务的输出参数；"Function"是部件组合分析服务可实现的功能。

对部件组合分析服务 BZS，当 $\exists ZGS$，$ZGS. Function \approx BZS. Function$ 时，BZS 将与相应的零件分析服务对应，得出 $BZS \rightarrow LFS$。

本文采用按照采煤机零部件分析功能逐级抽象的虚拟化方法，为 ZGS、ZKS、LFS、BZS 之间建立映射关系，如图 5-7 所示。

映射 1：部件组合分析服务到零件分析服务的映射：一个部件组合分析服务可以按结构分解为多个子分析服务，$BZS = \{BZS_1, \ BZS_2, \ \cdots, \ BZS_n\}$，并且 $\sum BZS_i. Function = BZS. Function$。BZS 的子分析服务之间的关系定义为：

（1）优先关系。如果 BZS_1 和 BZS_2 实现有先后顺序，BZS_1 必须先完成，BZS_2 才能完成，则 $BZS_1 \rightarrow BZS_2$。

（2）依赖关系。如果 BZS_1 和 BZS_2 必须同时完成，则 AND（AS_1，AS_2）；"或" BZS_1 和 BZS_2 完成其一即可，则 XOR（BZS_1，BZS_2）。

映射 2：资源扩展服务到资源共享服务的映射：对于资源扩展服务 ZKS，它所对应的服务集合为：

$$[ZGS]_{FJS} = \{ZGS \mid ZGS. Function \approx ZKS. Function \wedge ZGS. In \approx ZKS. In \wedge ZGS. Out \approx ZKS. Out \wedge ZGS. PreCondition \approx ZKS. PreCondition \wedge ZGS. Effect \approx ZKS. Effect\}$$

采煤机零部件 CAE 分析模型对应分析服务的 4 个子层次结构，分析服务内容实现不同层次的映射，逐层映射解决问题，面向服务架构实现采煤机零部件 CAE 分析模型的重组和分解，客户可以自由访问关于采煤机 CAE 分析的知识资源，从而解决了分析模型到服务模型的映射问题。

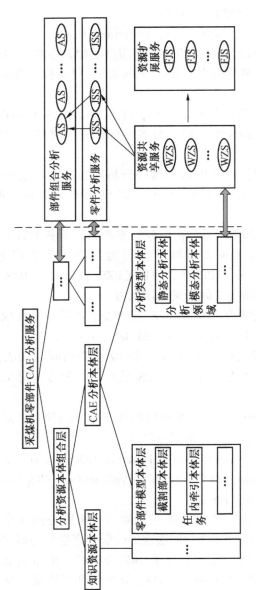

图 5-7　采煤机零部件 CAE 分析服务映射机制

5.6 小结

    本章首先建立了采煤机零部件 CAE 分析模型和服务模型，服务模型包括资源共享服务、资源扩展服务、零件分析服务和部件组合分析服务，通过二级映射方法实现分析模型到服务模型的映射，从而完成采煤机零部件 CAE 分析服务模型构建。

6　面向服务架构的采煤机零部件 CAE 分析服务方法

6.1　引言

在采煤机零部件 CAE 分析中，由于采煤机的工作环境恶劣、工况复杂，故需要从各个角度进行分析，例如结构静态分析、无预应力和有预应力模态分析等。面向服务架构的采煤机零部件 CAE 分析 SOSA 可以有效地重用和组合采煤机零部件的结构性能分析，避免了同一零件的重复建模和分析，节省开发时间。SOSA 的基本思想：以面向服务架构的思想为中心，将采煤机零部件的结构建模与各分析领域（包括结构静力学分析、模态分析、瞬态分析及谐响应分析等）内的知识和技术资源封装为服务，该服务就有统一的接口和一致的文档描述。基于 SOSA 构建的采煤机零部件 CAE 分析服务系统，用户可随时从系统中选择资源查询、零件 CAE 分析和部件组合 CAE 等服务。

6.2　多 Agent 支持的 CAE 分析服务的必要性

采煤机具有结构复杂，零部件繁多，工况较多等特点，其设计与分析是一个多学科、专业性强的系统工程，因此对其实现智能化广义分析尤为必要。采煤机零部件的有限元静态分析、模态分析、瞬态分析和谐响应分析过程需要传输大量几何、参数、边界等数据，因此浪费了大量的时间、人力和计算资源。降低了研发设计效率。为了提高效率，企业需要添加计算资源以适应复杂零件分析，但相应的开销增加了。因此如何获取和整合利用采煤机零部件 CAE 分析资源，提高分析效率显得尤为重要。

Agent 可看做是为了实现特定任务而在若干个 Internet 节点之

间迁移驻留，并具有一定智能的软件实体，Agent 具有自主、异步的特点[143]。

SOA 是一套面向服务架构的标准规范，Web 服务是一套技术体系。利用 SOA 和 Web 建立的应用方案可以解决特定的信息传输和服务集成问题。虽然 SOA 明确指出 Web 服务技术可以实现 SOA，但现有的 Web 服务技术还不能满足采煤机零部件的专业化和智能化的 Web 分析服务。由于 Agent 技术可以实现在 Web 环境下灵活自主的设计分析，因此将 Agent 技术与 Web 服务技术结合起来可以实现采煤机零部件 CAE 分析的 Web 服务。

为实现采煤机零部件 CAE 分析的智能化服务，本文提出了基于多 Agent 的面向服务架构的分析服务，为客户提供搜索和调用采煤机设计分析相关的知识和技术资源库等服务。SOSA 沿用了 SOA 的基本思想，系统可提供的所有分析都是服务。系统使用了统一的智能接口技术，用户在享用分析服务时，获得的是可视化有限元分析的结果，效果与单机分析结果相同。

采煤机零部件 CAE 分析服务框架主要由采煤机零部件结构模型库、计算资源、分析和 CAE 技术库组成。采煤机零部件结构模型库收集了多种采煤机型号的零部件，计算资源是服务体系中所有可用计算设备，由一个资源库进行管理。CAE 静态、模态、瞬态和谐响应分析主要采用有限元法。知识库主要存储 CAE 分析知识、分析结果推理等，将有限元分析计算结果提取推理，发送给用户，为用户提供设计基础。

6.3　多 Agent 支持的 CAE 分析服务过程及结构

6.3.1　多 Agent 的服务过程

近些年，有专家研究面向过程模型的服务组合[144-148]，这种服务组合的重点是描述动作与动作之间的相互关系；而服务的重点是动作的执行者，执行过程中，服务与具体的活动绑定实现。因此，基于过程模型的服务组合在服务过程中是相互独立的。与采煤机零部件 CAE 分析过程相关的因素较多，其工况复杂，分析

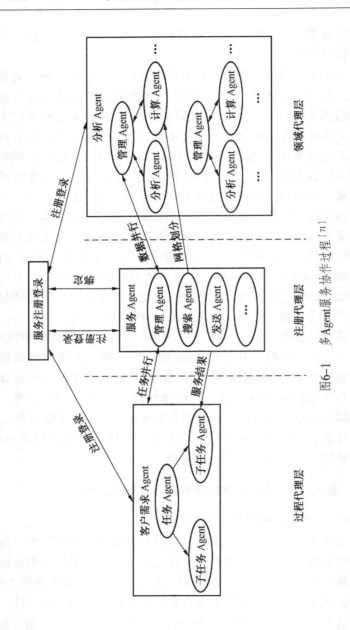

图6-1 多Agent服务协作过程[71]

过程细节较多，单纯的基于过程模型进行服务组合，开销极大。

基于 Agent 服务系统不仅可以实现采煤机零部件 CAE 分析服务（图 6-1），而且可以合理有效调用相关知识和技术资源服务参与 CAE 分析过程，有效节省查阅资料和分析计算时间。在用户需求 Agent 和分析之间加入服务 Agent[149-151]，将用户需求和采煤机零部件 CAE 分析过程相连，通过服务接口技术实现用户的需求；将一个服务分解，由多个 Agent 运行，灵活地选择任务分析方法。

采煤机零部件 CAE 分析服务的过程如下：

（1）用户注册登录系统后，查找匹配分析服务，提出分析请求。

（2）系统自动对用户提出请求的分析任务进行处理，并自动寻找合适的后台服务器完成分析计算。

（3）用户要求的采煤机零部件 CAE 分析计算结束后，系统获取分析结果图片和文件。

（4）系统将获取的分析结果图片和文件实时的传送给用户。

面向服务架构的多 Agent 分析服务包括过程代理层、领域代理层和服务代理层。过程代理层即需求 Agent，完成采煤机零部件 CAE 分析任务分解，形成子任务 Agent 层；领域代理层即分析 Agent，由于采煤机零部件 CAE 分析过程性较强，因此分析 Agent 具有较强的层次感，协调 Agent 需要随时协调分析 Agent 和计算 Agent。采煤机零部件的参数化建模、静态分析、模态分析、瞬态分析等任务需要多方合作才能完成，此时就需要 Agent 发挥作用。服务代理层将领域代理层的执行者和过程代理层的需求联系起来，包括搜索 Agent、发布 Agent 和协作服务 Agent。搜索 Agent 使得采煤机零部件有限元建模过程中，网格大小、材料属性及边界条件等参数的选择智能化，降低对技术人员的专业知识要求；发布 Agent 将分析计算结果发送给用户；协作服务 Agent[71]是为了更好地完成采煤机零部件的静动态分析设计研究。

从服务协作过程可以看出，多 Agent 支持的采煤机零部件

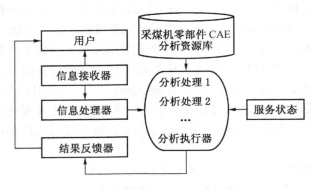

图 6-2 服务协作 Agent 结构

CAE 分析服务在原有信息接收器、信息处理器、分析执行器和采煤机零部件 CAE 分析资源库的基础上，增加了服务状态组件，以提供采煤机零部件的可持续服务。信息接收器用来获取分析服务的相关信息，信息处理器用于分离重点处理的信息，并传送至执行元件，分析执行器综合考虑分析知识库及采煤机零部件模型库，分析服务进行处理，根据需要选择服务器进行计算，最后结果由反馈器输出。

服务协作 Agent 的形式化描述如下：

Agent:: = < Addr, ZSA, FWSA, GA, GHA, XZSA >

Addr:: = < Communication Address >

ZSA:: = < Knowledge Set >　　　// 代表协作 Agent 的知识

FWA:: = < StateSet >// 服务状态集组成的 Agent 生命周期

　　…

MBA:: = < GoalSet >　　　　　// 要实现的服务协作目标

GHA:: = {< TaskName1 >< TaskStatement1 >

< TaskName2 >< TaskStatement2 >

　…

< TaskStatement1 >:: = {call < ServiceStatement >

　　　　　　　　Implement < GoalStatement >

```
}                              //Agent 的分析任务
XZSA：：= {<ServiceName><ServiceStatement>
...
}                              // 服务协作 Agent 提供服务
<ServiceStatement>：：=<Operation>
XZA：：=<OperationList>  // 服务协作 Agent 执行的动作
```

上述程序中，ZSA 为协作 Agent 的知识；FWA 为服务状态集组成的 Agent 生命周期，GHA 为任务规划分解，XZA 为服务协作 Agent 执行的动作，XZSA 为服务协作 Agent 提供的服务。

高性能 Cluster 资源是服务协作 Agent 的核心，保证远程用户可以共享分析资源。为了实现信息传输，采用基于信息传输接口 MPI（Message Passing Interface）的环境，MPI 是一个信息传输接口标准，以语言独立的形式存在，运行在不同的分析服务系统和平台上。

6.3.2 多 Agent 分析服务中间件的结构

中间件是在基于 Web 服务实现应用系统和业务流程以及应用系统和应用层时，除了 Web 服务本身的描述、通信、查找技术外的另一个关键技术，其主要作用是为处于自己上层的应用软件提供运行与开发的环境，帮助用户灵活、高效地开发和集成复杂的应用软件。中间件位于操作系统、网络和数据库之上和应用软件之下。图 6-3 所示为多 Agent 支持的分析服务中间件结构[71]，该结构考虑了采煤机零部件 CAE 分析的特点，通过建立本体模型，完成对 CAE 分析服务资源的语义表示和推理，同时对分析知识和技术资源本身的信息和资源之间的关联进行了描述，随后进行推理和搜索查询，最后将搜索结果返回给客户端。

采煤机零部件 CAE 分析服务系统中间件的核心主要由控制器、分析服务 Agent 服务器、模块库、分析服务 Agent 工厂等组成。

（1）服务适配器获取客户端的查询注册登录信息，将搜索结果发送给分析服务 Agent 服务器。用户的查询条件可以根据各自需求进行个性化定制。

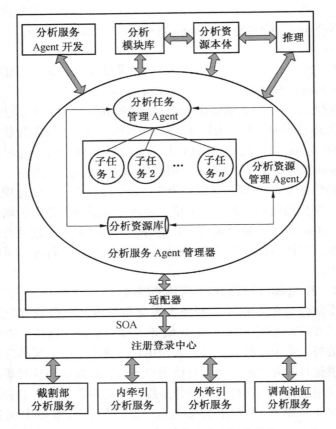

图 6-3　多 Agent 的分析服务中间件结构

（2）分析服务 Agent 管理器对注册登录中心查询结果进行筛选处理，搜索结果为采煤机零部件 CAE 分析服务建立对应的分析服务 Agent，根据会员的请求条件制定采煤机零部件 CAE 分析服务 Agent 的执行协议。

（3）分析资源本体。模块本体提供了采煤机零部件分析服务的标准表示及它们之间关系的概念群。

（4）分析模块库。将采煤机零部件 CAE 分析服务划分生成各个模块，模块包括分析服务的 Web 描述语言、分析服务类型及控制分析服务 Agent 执行过程的用户偏好信息。

（5）分析服务 Agent 开发管理分析服务 Agent 和推理 Agent 的开发和部署，实现 Agent 事件间的数据共享和关联。

6.4　多 Agent 的分析服务求解

并行是提高分析计算效率的基础。根据并行处理在采煤机零部件结构分析求解中所处的层次[152-153]，并行算法被分为细粒度并行、粗粒度并行和混合粒度并行。Agent 群常会出现主、从处理器负荷忙闲不均匀、通信瓶颈和通信延迟问题。本文通过提出面向服务架构的二级分部计算策略和动态调度资源，解决了服务器负荷不均匀等问题。二级分部计算首先将分析计算任务粗粒度分解成若干子任务，将子任务映射到计算节点上；计算节点全局竞争选取合适计算资源，符合按需计算的要求。第一级并行阶段采用超文本传输协议通信模式，分析计算属于对等计算。第二级并行化阶段，采用消息传递接口通信方式，对采煤机零部件 CAE 分析进行区域分解并行求解。在形成的二级并行计算层次结构中，对于下层的并行模型，计算子群体的规模是真实的，即为一个处理进程所处理的个体数量；而对于上层模型，将每个下层的并行结构都视为一个集合计算子群体，群体之间按上层的并行模型协调运行，如图 6-4 所示。

根据用户的需求，系统将采煤机零部件 CAE 分析分为不同的模块组合，将零部件本身分解成若干子结构，如图 6-5 所示。粗粒度并行计算中各模块的分析以及子结构的处理相互独立。在子结构粗粒度并行的基础上，分解各个子结构，形成每一个区域的结构单元数目比较均衡。进行细粒度并行计算时，由于任务分配或者子结构本身大小导致的不均衡，造成用户无效率的等待时间，如果在执行区域分解计算的过程中，将计算和通信过程实现最大程度的重叠，使通信与计算任务执行同时进行，则不需要等待时间。

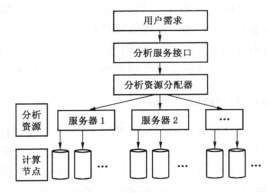

图 6-4　采煤机零部件分析服务的二级并行计算模式[71]

6.5　CAE 分析服务过程中的冲突与消解

网络环境下的采煤机零部件 CAE 分析服务，其服务对象遍布全国，并且多个客户可以同时操作一个对象，因此为保证客户的服务质量，系统应满足以下要求[141]：

（1）系统支持多用户可同时操作。

（2）客户发出操作指令到远程服务器后须能够快速响应回馈。

（3）冲突发生后，系统要优先选择高级用户，保证高级用户权益。

6.5.1　冲突特点及类型

1. 采煤机零部件 CAE 分析服务过程中的冲突特点

（1）特征参数的相关性。

网络环境下采煤机零部件 CAE 分析服务系统中，同一特征的不同几何、材料等参数及不同特征之间的几何、材料等参数的修改相互关联。

（2）特征的空间相关性。

网络环境下采煤机零部件 CAE 分析服务系统中，特征之间在空间上是相互联系的。

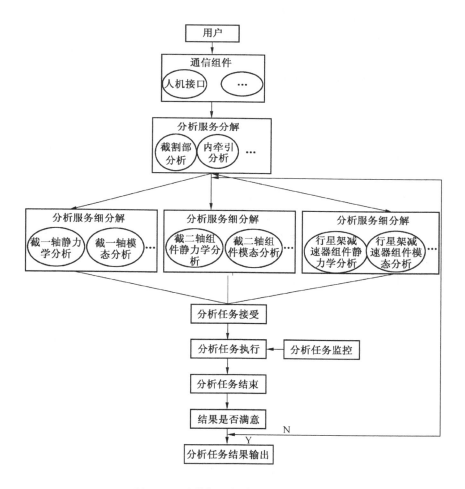

图 6-5　采煤机零部件 CAE 分析划分

（3）特征的依赖约束性。

按照零件结构关系将 n 个特征组成 CAE 分析模型，特征之间相互依赖，如对一个特征进行修改，则与之相关的特征也将发生变化，使系统复杂化。

2. 特征依赖的定义及分类

采煤机零部件几何模型是按照一定的拓扑关系将若干个特征单元组合而成的。特征之间相互依赖是指某个特征的生成或修改必须在其他特征的存在下才能完成。

采煤机的零件描述为：

$$T = Tb_i + \sum_{j+1}^{n} (1 - \gamma_j) Ta_j \quad (i = 1, 2, 3, \cdots, n)$$

式中，T 为采煤机零部件的几何形状；Tb_i 为基本特征；Ta_j 为附加特征；$\gamma_j = 0$ 或 $\gamma_j = 1$。采煤机零部件几何模型 M 中，特征依赖关系定义了特征之间的关联关系，特征间的依赖关系分为拓扑依赖、定位依赖和约束依赖。

（1）拓扑依赖。某特征的建立是在其依赖特征的某些拓扑元素的基础上，利用特征元素上的拓扑单元完成操作。如果拓扑单元被修改或删除，将会使依赖于它的特征随之消失或被改变。

（2）定位依赖。模型中的各个特征需要进行定位，采煤机零部件建模时常使用已有的特征进行定位，那么这时建立的依赖关系定义为定位依赖。图 6-6 为采煤机截割部行星架的二维视

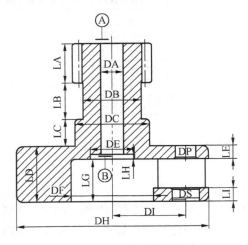

图 6-6　行星架的参数标注

图，图 6-7 为行星架的三维图。图中可看出孔径为 DS 的孔是由标注为 DI 的距离（DI 是孔径为 DA 的孔的轴线与上述孔轴线之间的距离）来定位的。

图 6-7 行星架的三维图

（3）约束依赖。某一特征的形状尺寸由与其他特征建立的约束关系来确定，此依赖关系定义为约束依赖。约束依赖包括尺寸之间的数学约束及语义约束等。

3. 特征依赖描述

特征依赖是一种偏序关系，具有自反性、传递性和反对称性，本文的特征依赖由特征实体和特征依赖关系构成的特征依赖图进行描述。

特征依赖图使用邻接表表示法存储，形式化为：

$$fgdd(FD(Diagram, FS, GD)) = (FS, VF, VFNEXT, GD)$$

式中，FS 是特征实体集；VF ∈ FS 是邻接表的表头节点对应的特征集；VFNEXT ⊆ FS 是邻接表的后续节点集。存在：（1）TP ⊆ FS×FS 是使用拓扑依赖的集合，表示为 TP(f1, f2)，且（f1, f2）∈ TP；（2）DW ⊆ FS×FS 是使用定位依赖的集合，表示为 DW(f1, f2)，且（f1, f2）∈ DW；（3）YS ⊆ FS×FS 是使用约束依赖的集合，表示为 YS(f1, f2)，且（f1, f2）∈ YS。

4. 特征空间关系

（1）空间关系定义及关系。

特征空间关系（图6-8）指特征之间在几何上存在的一种相互依赖的概念，特征之间空间关系有邻接关系、相互关系、插入关系和分离关系。邻接关系指两个特征共享一个面或者相交于一个边；相交关系是指两个特征相互交叉；输入关系是指两个特征均属于凸特征，且特征 FE_2 引入了特征 FE_1 的拓扑元素；分离关系是指两个特征在空间上完全分离。

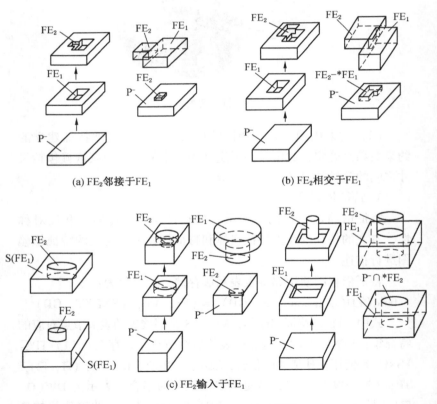

(a) FE_2邻接于FE_1　　　　(b) FE_2相交于FE_1

(c) FE_2输入于FE_1

图6-8　零件特征空间关系[118]

（2）空间关系描述。

结合采煤机零部件结构中特征之间的空间关系，提出一种哈斯图特征关系衡量方法。假设特征 FE_1 与 FE_2 之间存在相交关系，如图 6-9 所示，特征 f_1、f_2、f_3、f_4、f_5 构成了哈斯图结构，对角线是同一特征之间的空间关系，故为空集，特征 f_1 和 f_2，f_1 和 f_3，f_1 和 f_4 等互为相交关系，故哈斯图结构图中只有下半部分[118]。

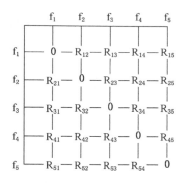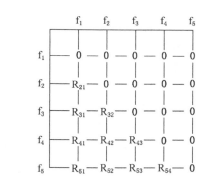

图 6-9 特征空间关系实例

哈斯图结构转化为矩阵 R_4：

$$R_4 = \begin{Bmatrix} \phi & \phi & \phi & \phi \\ a_{21} & \phi & \phi & \phi \\ a_{31} & a_{32} & \phi & \phi \\ a_{41} & a_{42} & a_{43} & \phi \end{Bmatrix}$$

R_4 转化为 ∂ 表示：

$$\partial = (a_{21},\ a_{31},\ a_{32},\ a_{41},\ a_{42},\ a_{43})$$

其中，a_{21}，a_{31}，a_{32}，a_{41}，a_{42}，a_{43} 的取值分别为：邻接关系值取 1，相互关系值取 2，插入关系值取 3，分离关系值取 4。因此，特征关系总和：$\sum = \dfrac{n(n+1)}{2}$，n 为特征个数。

特征空间关系向量 ∂ 随着特征变化的变化规律如下：

当前特征总数为 n，新增特征 f，此时：

$$\Delta = \frac{n(n-1)}{2} - \frac{(n-1)(n-2)}{2} = \frac{2(n-1)}{2} = n-1$$

因此，更新空间关系向量 ∂ 时，将依次加入 a_{n1}，a_{n2}，…，$a_{n(n-1)}$ 等 $(n-1)$ 项空间关系值。

当前特征总数为 n，删除第 i 个特征，必然删除与特征 i 有空间关系的所有特征。因此更新空间关系向量 ∂ 时，将删除 ∂ 中所有的 a_{i*} 和 a_{*i} 项。

当前特征总数为 n，修改第 i 个特征，随之修改的特征关系项为 a_{i*} 和 a_{*i}，修改特征关系总数为 $n-1$ 项。因此，更新空间关系向量 ∂ 时，将更新 ∂ 中给所有的 a_{i*} 和 a_{*i} 项。

因此可得到判断空间关系破坏的方法为：在系统中检测 ∂ 中所有 a_{i*} 和 a_{*i} 项的数值变化。

5. 并发冲突

本书讨论的并发冲突是指由于用户的分布性和网络的延迟性而导致并发进行的操作，在操作时间和操作对象上发生重叠等现象，即多用户同时对系统中采煤机的同一零件进行静态分析或其他分析，并且同时操作某动作（比如同时输入参数），此时会出现并发冲突。并发冲突包括并发操作、并发依赖及并发意图冲突（表6-1）[118]。

表6-1　并发操作冲突类型

冲突级别	冲突类型	针对特征	冲突原因
第Ⅰ并发冲突	并发操作冲突	同一/不同特征	操作时间对象冲突
第Ⅱ并发冲突	并发依赖冲突	不同特征	特征依赖关系破坏
第Ⅲ并发冲突	并发意图冲突	同一/不同特征	特征空间关系破坏

1）并发操作冲突

并发操作冲突是指两个以上用户同时对采煤机的同一零件的同一特征、某一特征的同一参数进行并发操作，导致操作时间上的重叠而引起的并发冲突。属于此类冲突的有：

（1）操作对象是采煤机某一零件的同一特征的同一参数，并发操作 C_i 和 C_j 动作相同（比如同为删除），产生并发冲突。图6-10所示为某型号采煤机内牵引电机轴结构图，三用户同时修改卸荷槽形状，图6-11为三个用户预修改卸荷槽的形状，导致发生并发操作冲突。

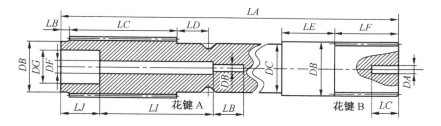

图6-10　采煤机内牵引电机轴结构图

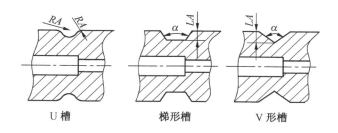

图6-11　用户修改卸荷槽形状

（2）操作对象是采煤机某一零件的同一特征的同一参数，并发操作 C_i 和 C_j 动作不同，分别为 delete 和 modify，产生并发冲突。

2）并发依赖冲突

并发依赖冲突是指由于两个特征的依赖关系消失所造成的并发冲突。例如，操作对象是采煤机某一零件的特征 E_i 和 E_j，E_j 特征绝对依赖于 E_i，操作 C_i 是删除特征 E_i，C_j 修改 E_j，则产生并发冲突。

3）并发意图冲突

并发意图冲突是指由于特征之间保持空间并列关系，不同用户对同一特征的形状、位置参数连续进行更改，破坏了其关系而造成并发冲突。例如，操作对象是采煤机某一零件的特征 E_i 和 E_j，操作 C_i 是修改特征 E_i，C_j 是修改特征 E_j，导致特征之间空间关系破裂而引起的并发冲突。

6.5.2 冲突消解方法

1. 冲突检测

采用基于特征依赖图的并发冲突流程如图 6-12 所示。图中可以看出有两种情况进入并发冲突检测。①操作的可执行检查未通过，主要检查上一步操作是否完成，如果完成则为可执行操作。每一次操作均建立了一个映射，如果找不到相应的映射项，则存在冲突。②操作出现并发冲突，依照上述冲突类型判别方法进行判别，检测顺序如图 6-13 所示。

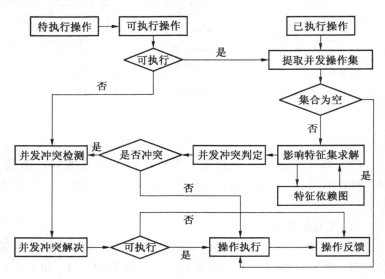

图 6-12　并发冲突检测流程

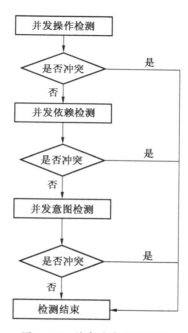

图 6-13　并发冲突检测顺序

2. 冲突消解

采用自动协调、人机对话协商方式可消除冲突，冲突消除流程如图 6-14 所示。图中 Q 为发出操作指令等候的用户，Z 为本地状态向量，L 为用户操作记录，Rs 为操作请求向量，s 表示站点，比较请求中 $Z_1 = Z_s$，$T_1 = T_s$，用来判断并发操作冲突，特征更新数量 ZX 的变化用来判断并发依赖冲突，特征空间关系的变化用来判断并发意图冲突[118]。

自动协调主要采用并发互斥算法完成，用户 A 和 B 同时对采煤机的同一零件的同一特征同一参数进行操作，操作记为 R_A 和 R_B，并且 $V_A = V_B$，$T_A = T_B$，$p_A > p_B$，则可以认为 R_A 领先于 R_B，记为 $<p$。用户对共享模型进行操作时，平台接受响应消息，其他用户则进入等待队列，收到被延迟请求。下面为并发互斥算法的部分代码：

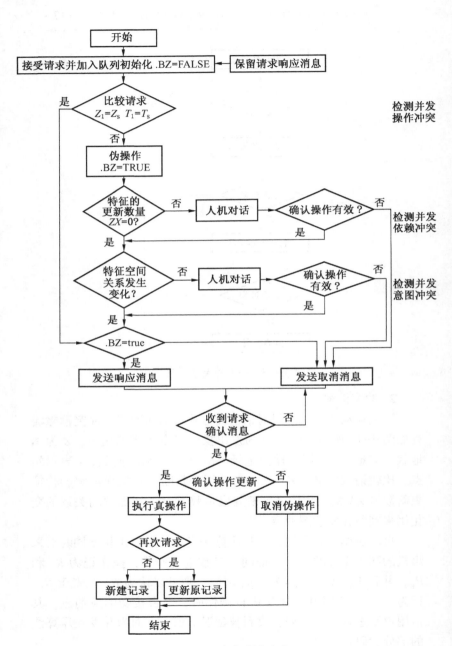

图 6-14 冲突消除流程

SITE INITIALIZATION：

LockState = MAP < FEATURE_ID, ENUM{release, request, hold} >；

　　　　　　　　　　　　　　　// 定义特征锁定状态

　　……

FEATURE_ID localRequested = nil；

　　　　　　　　　　　　　　// 默认的本地当前操作特征

CREATION OF A NEW FEATURE：

UpdateFDAG( )；　　　　　　　// 更新特征依赖图

　　……

OutstandingReplies. insert(feature_id, 0)；

REQUEST OF A FEATURE FOR MANIPULATION：

LockState[feature_id] = request；

　　……

LockState[feature_id] = hold；

Si manipulates the feature　　　　// 完成特定的特征操作

UpdateFDAG( )；

　　UpdateFSR( )；

　　LockState[feature_id] = release；

　　　　　　　　　　　　　　// 设定特征锁释放状态

　　localRequested = nil；

　　SendReply(feature_id)；　　// 发送完成特征操作消息

HANDLE OF INCOMING REQUESTS：

WAITFOR(LockState[feature_id]! = nil)；

　　　　　　　　　　　　　　// 验证请求操作的特征存在

HighestClock = MAX(HighestClock, TSj)；

if(localRequested! = nil){

if(ConcurrencyConflictCheck( ) == true)

　　　　　　　　　　　　　　// 检测是否并发冲突

　　……

```
SendReply(feature_ id);    // 发送操作请求的响应消息
HANDLE OF INCOMING REPLIES：
WAITFOR(LockState[feature_ id]！ = nil);
    ……
```

人机对话协商是当系统不能自动解决冲突时，用户可以通过人机对话方式进行协调，最终以信息形式发送给用户。

6.6　对比试验

为验证多 Agent 支持面向服务架构的采煤机零部件 CAE 分析服务系统的分析速度是否加快，比较本系统和单机两种方法分析所用的时间，将 4 台 PC 机通过 TCP/IP 连接起来构成并行系统求解，每台实验用的微机配置为 Inter(R) Xeon(R) CPU 1. 80 GHz，2 GB 内存。而单机用的微机配置为 Inter(R) Xeon(R) CPU 1. 80 GHz，8 GB 内存，以采煤机截割部的 2 个零部件、调高油缸的一个零件和外牵引的 3 个零部件为分析对象，分别进行静态分析、无预应力模态分析、谐响应分析和瞬态分析。分析中零部件的物理属性、受力情况和约束条件相同，且网格大小均为 8、6 阶模态分析，瞬态分析子步数为 20，平稳时间 0.1 s，卸载时间 0.2 s，终止时间 0.3 s，响应时间如图 6-15 所示。图中横坐标 1-4 分别代表截割部截一轴的静态分析、无预应力模态分析、谐响应分析和瞬态分析，5-8 代表截二轴组件的静态分析、无预应力模态分析、谐响应分析和瞬态分析，9-12 代表调高油缸缸体的静态分析、无预应力模态分析、谐响应分析和瞬态分析，13-16 代表外牵引机壳的静态分析、无预应力模态分析、谐响应分析和瞬态分析，17-20 代表外牵引驱动轮的静态分析、无预应力模态分析、谐响应分析和瞬态分析，21-24 代表外牵引 23T 齿轮的静态分析、无预应力模态分析、谐响应分析和瞬态分析；纵坐标为分析所用时间。图中显示，使用多 Agent 支持分析方法能有效节省分析时间，大部分零部件的分析时间缩短为原来的 3.5 倍左右，有的甚至能达到 4 倍以上。

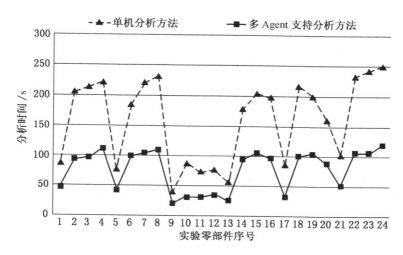

图 6-15　试验结果

6.7　小结

本章提出了多 Agent 支持的采煤机零部件的 CAE 分析服务方法，该方法将 Agent 技术与 Web 服务相结合，有效提高了分析效率。阐述了多 Agent 服务的中间件结构，构建了采煤机零部件分析服务协助 Agent。分析系统运行过程中出现的冲突类型和特点，并提出采用基于特征依赖图的冲突检测方法检测冲突类型，利用自动协调和人机对话协商两种方法消除系统冲突。最后以采煤机的 6 个零部件为实验对象，使用单机分析法和多 Agent 支持分析方法对其进行静态分析、无预应力模态分析、谐响应分析和瞬态分析，验证了本方法的快速响应性。

7　面向服务架构的采煤机零部件 CAE 分析服务系统

7.1　引言

本章主要论述面向服务架构的采煤机零部件 CAE 分析服务系统的总体设计、分析服务的设计与实现，邀请第三方对系统功能进行测试，并邀请某采煤机设计企业对系统进行实际应用，验证了系统的可行性和分析结果的准确性。

7.2　系统总体设计

7.2.1　体系结构设计

以成熟的 B/S（Browser/Server，浏览器/服务器）模式为基础，以具体的应用模块实现协同环境下的协同功能，并完成有效的数据与模型的管理。图 7-1 所示为体系结构。

第一层为用户层。用户层通过 WWW 技术，应用 HTML、ASP. Net 等 Web 页面，VB、VC、VB. Net 等程序语言以及 CAD/CAE 软件的二次开发语言相结合，为用户提供图形化用户接口，客户端用户通过接口完成对 CAD/CAE 模型和数据的操作、显示，实现与功能层和服务层之间的交互。

第二层是功能层或应用服务器层。功能层或应用服务器层主要是服务器端的各功能模块，以实现对 CAD/CAE 模型、设计知识、数据的存取与检索等应用逻辑，它是"系统"的核心，包含 CAD 系统、CAE 系统、评价系统和管理系统等，以实现设计、分析、优化和数据管理等。

第三层是数据库服务层。数据库服务层提供远程采煤机零部件 CAE 分析与服务过程中的模型、实例、资源、知识等数据资源。

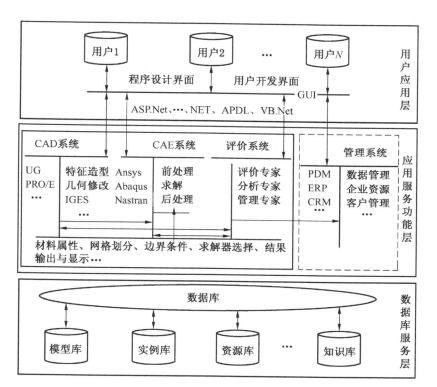

图 7-1 体系结构

7.2.2 功能模块设计

"系统"的核心功能应能够完成采煤机零部件远程智能 CAE 分析服务。从功能结构上，核心功能应能够既包含不同 CAD/CAE 软件的工具交互，又包含各不同专业领域的计算、分析、数据和资源的交互；既包含多学科领域的单机协作，又包含单领域的异地协作，以及多领域多地域的协作与交互。即可从工具协同、任务协同与异地系统等 3 个层次支持 CAE 服务，如图 7-2 所示。

1. 工具协同

工具协同主要表现于 CAD-CAD、CAE-CAE 以及 CAD-CAE 之间的数据整合、共享与交换。

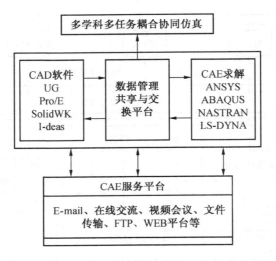

图 7-2　功能结构

1）CAD 软件（UG、Pro/E、SolidWK 等）和模型数据的整合

CAD 工具软件可以协同整合不同设计人员所建立采煤机零部件模型，并实现统一环境的模型装配和 CAE 仿真，得到 CAD 模型库，并且可以通过连接技术实现与 CAD 软件之间的共享。当 CAD 或者 CAE 人员要对设计进行变更时，都可以立即反映到对方的软件环境中，从而实现了设计和仿真的同步性。

2）CAE 软件（ANSYS、NASTRAN、MSC 等）和模型数据的整合

CAE 工具软件进行集成后，可解读并转换各种 CAE 软件的模型数据，并转换成分析人员所擅长的 CAE 软件模型数据。即通过 CAE 工具的整合、共享、接口和交换技术，实现对已有分析资源的转换和共享。

3）CAD/CAE 数据共享与交换

CAD/CAE 工具软件以接口、封装或集成的方式共享模型数据，实现协同环境下双向参数互动。零件结构建模人员修改 CAD 软件中的几何设计参数时，系统将同步刷新 CAE 软件中的分析

模型，有限元分析人员修改 CAE 软件中的分析模型时，系统参数将同步刷新 CAD 软件中的几何模型。

2. 异地协同

异地协同可基于成熟的 B/S 模式与技术，针对不同地域的计算结点，利用跨越平台和提供远距离服务的底层结构如 WWW 进行协作，实现广域网内不同用户的计算协作与数据共享，部分事务逻辑在前端实现，主要事务逻辑在服务器端实现。

异地协同一方面可支持多种类型的协作，集成众多协作功能，可提高系统的通用性；另一方面可增强系统的开放性、扩充能力和可伸缩性，便于集成现有计算结点，开发新的应用，满足用户的特殊需求，以有效解决采煤机零部件 CAE 分析服务系统的通用性和用户特殊需求之间的矛盾。

3. 功能结构分析

从结构上讲，"系统"应是一种由各种应用技术、底层技术及数据管理维护系统与标准组成的支持采煤机零部件 CAD/CAE 设计、建模、仿真的集成技术；从功能上来讲，"系统"能够以一体化多学科多任务耦合协同设计与仿真为核心，以并行设计思想为指导，将不同领域的开发模型相结合，从外形、功能与行为上对采煤机零部件进行模拟。

将工具协同与异地协同两个层次的 CAE 服务应用于采煤机设计领域，可充分体现 CAE 分析服务的手段、结构、功能与目标。其中各种应用技术与底层支撑包括 ANSYS、UG、Pro/E 等 CAE/CAD 工具软件，ASP. Net、VB. Net、APDL 等开发平台、开发语言及其他相关应用程序或标准（如 STEP、IGES 等）；实现手段与应用目标为通过异地协同与工具协同，以知识资源、数据服务、选型服务、强度与刚度分析、参数优化设计、模态分析和谱分析等 CAE 服务为基础，进行多任务耦合协同环境 CAE 分析，实现设计目标。

工具协同与异地协同并非各自孤立支持 CAE 服务，它们之间互相联系、互相渗透并具备相对层次关系。其中，任务协同是

"系统"的核心、关键和目标，处于最高层次；工具协同支持建立的几何模型与有限元模型对具体 CAD/CAE 对象提供模型与工具支持；以硬件设备和应用技术封装建立的异地协同环境，对工具协同与任务协同提供底层支撑与信息交互平台，处于最底层。

　　基于各层次用户的不同需求，分别建立了两个子模块：①采煤机零部件 CAE 分析资源模块；②采煤机关键零部件 CAE 分析服务模块。

7.3　系统资源模块设计与实现

7.3.1　计算资源

　　系统收录了与采煤机设计相关的轴、连接、弹簧、滚动轴承、滑动轴承、带传动与链传动、摩擦轮及螺旋传动等 7 项结构设计与设计计算。以螺旋弹簧为例，选择对象界面如图 7-3 所示，计算输入参数界面如图 7-4 所示，设计计算结果如图 7-5 所示。

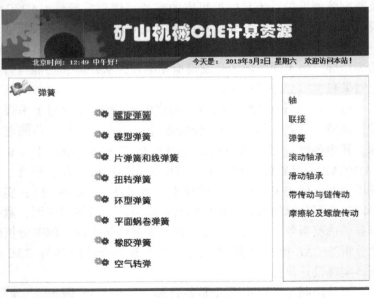

图 7-3　选择计算对象界面

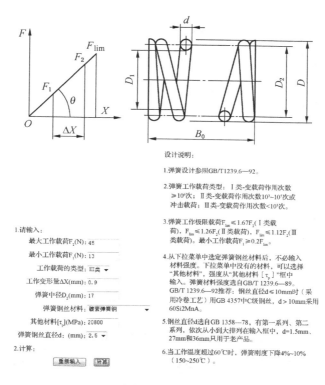

1.请输入：

最大工作载荷F_2(N)：45

最小工作载荷F_1(N)：13

工作载荷的类型：Ⅲ类 ▼

工作变形量ΔX(mm)：0.9

弹簧中径D_2(mm)：17

弹簧钢丝材料：碳素弹簧钢 ▼

其他材料[τ_p](MPa)：20800

弹簧钢丝直径d：2.5 ▼

2.计算：

重新输入　计算

设计说明：

1.弹簧设计参照GB/T1239.6～92。

2.弹簧工作载荷类型：Ⅰ类-变载荷作用次数 ≥10^6次；Ⅱ类-变载荷作用次数10^3～10^5次或 冲击载荷；Ⅲ类-变载荷作用次数<10^3次。

3.弹簧工作极限载荷$F_{lim} \leq 1.67F_2$(Ⅰ类载 荷)，$F_{lim} \leq 1.26F_2$(Ⅱ类载荷)，$F_{lim} \leq 1.12F_2$(Ⅲ 类载荷)。最小工作载荷$F_1 \geq 0.2F_{lim}$。

4.从下拉菜单中选定弹簧钢丝材料后，不必输入 材料强度。下拉菜单中没有的材料，可以选择 "其他材料"，强度从"其他材料[τ_p]"框中 输入。弹簧材料强度选自GB/T 1239.6～89。 GB/T 1239.6～92推荐：钢丝直径d≤10mm时（采 用冷卷工艺）用GB 4357中C级钢丝，d＞10mm采用 60Si2MnA。

5.钢丝直径d选自GB 1358～78，有第一系列、第二 系列，依次从小到大排列在输入框中，d=1.5mm、 27mm和36mm只用于老产品。

6.当工作温度超过60℃时，弹簧刚度下降4%～10% （150～250℃）。

图 7-4　弹簧设计计算参数输入界面

7.3.2　数据资源

系统收录了与 CAE 分析相关的技术数据资源，包括材料参数、加工工艺技术参数和极限与配合数据等。以材料的弹性模量与热物理性质为例，数据列表如图 7-6 所示。界面提供客户需要的查询功能。

7.4　系统服务模块设计与实现

采煤机零部件 CAE 分析服务模块设计（图 7-7）主要包括以下几部分：

圆柱压缩弹簧设计计算结果：

计算项目	计算过程	计算结果
旋绕比：	$C=D_2/d=$	6.8
曲度系数：	$K=(4C-1)/(4C-1)+0.615/c=$	1.219 mm
弹簧刚度：	$P=(F_2-F_1)/\triangle X=$	35.55N/mm
剪切应力：	$T_P=8F_2D_2K/\pi d^3=$	152.1MPa
弹簧有效圈数：	$n=Gd^4/8PD_2{}^3=$	2.236
弹簧总圈数：	$n_1=n+2=$	4.236
弹簧最小自由高度：	$H_0=$	7.007 mm
弹簧内径：	$D_1=D_2-d=$	14.5 mm
弹簧外径：	$D=D_2+d=$	19.5 mm
弹簧节距：	$t=(H_0-nd)/n+d=$	3.133 mm
弹簧钢丝展开长度：	$L=n_1*((\pi D_2)^2+t^2)=$	226.5 mm
弹簧螺旋升角：	$\alpha=arctg(t/\pi D_2)=$	5.864 °
弹簧固有频率：	$f=3.56*10^5d/nD_2{}^2=$	1377. Hz

图 7-5　弹簧设计计算结果界面

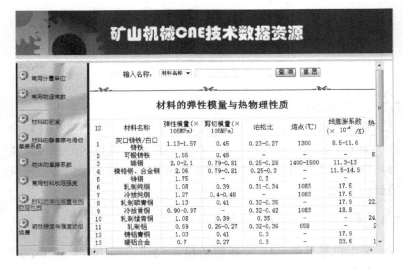

图 7-6　材料的弹性模量与热物理性质查询界面

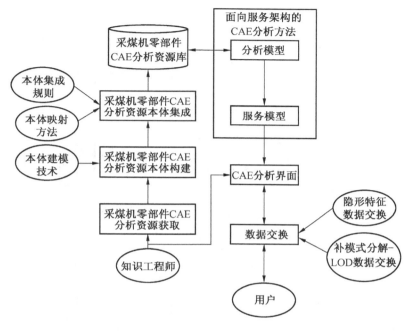

图 7-7　采煤机零部件 CAE 分析模块设计

（1）采煤机零部件 CAE 分析资源库的构建，利用 OWL DL 描述本体知识；利用本体映射方法解决异构问题，最后利用集成规则完成采煤机零部件 CAE 分析资源本体集成。

（2）实现用户和服务器之间的几何模型、分析参数、分析结果等信息的数据交换。

（3）构建采煤机零部件 CAE 分析服务模型，采用多 Agent 支持的服务方法实现采煤机零部件的 CAE 分析服务。

本系统为用户提供全参数分析和 CAD 建模+APDL 分析两种模式。每个模式包括截割部摇臂、调高油缸、内牵引和外牵引等近 30 多种关键零部件，每种零部件包括静力学分析、无预应力模态分析、有预应力模态分析、瞬态分析和谐响应分析，每种分析包括的载荷和材料等分析参数不同，其功能模块如图 7-8 所示。

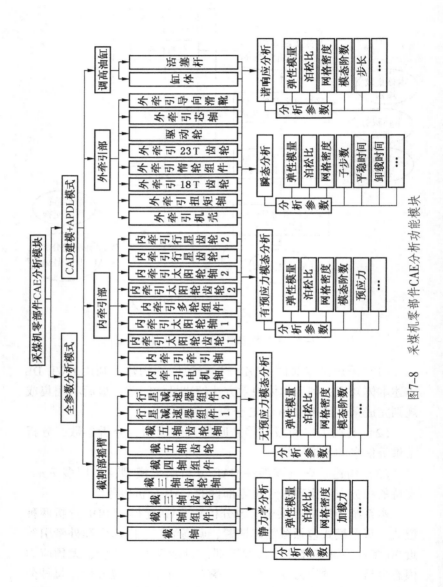

图7-8 采煤机零部件CAE分析功能模块

全参数分析模式包括结构参数输入、分析参数输入、加载力帮助、分析结果图片显示、分析结果下载画面等。

以采煤机内牵引电机轴静力学分析为例，通过结构参数输入画面（图 7-9）输入电机轴修改结构参数，分析参数输入界面如图 7-10 所示。

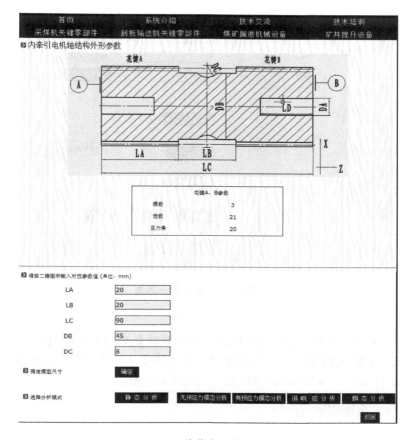

图 7-9　结构参数输入界面

同时，用户可以通过加载力帮助（图 7-11）了解零件的受力加载情况。经过数据传输，将用户输入的结构参数和分析参数发送至服务器，服务器接收并推理检查合格后，启动服务器的分析软件分析后，通过网络传输将分析结果图片发送至客户端，用户可看到分析结果图片。

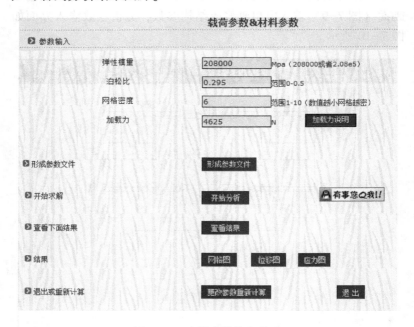

图 7-10　分析参数输入界面

CAD 建模+APDL 分析模式的结构修改是通过 CAD 软件完成的，故结构修改时出现如图 7-12 所示的尺寸修改界面，界面中的 1、2、3、4 可完成 CAD 模型的上传和下载。

7.5　系统测试与应用

系统测试是系统质量控制的重要环节，美国质量保证研究所对系统测试的研究结果表明：越早发现系统中存在的问题，开发费用越低，系统质量越高，系统发布后的维护费用越低。系统测试是根据被测对象和设计测试用例组织测试，为验证程序正确性

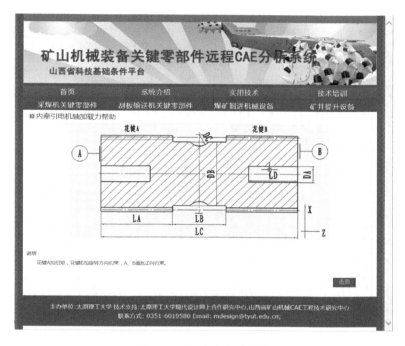

图 7-11 加载力帮助说明

而执行程序的过程。或者说是为了发现程序中的错误而执行程序的过程，应尽一切可能查出程序的错误，而不是为了演示软件的功能正确。

7.5.1 系统测试

1. 测试方法

本书采用的测试方法是动态测试中的黑盒测试法，即功能测试或数据驱动测试。该方法把被测试对象看成一个黑盒子，测试人员不考虑程序内部结构和内部特性，而是从用户观点出发，针对程序接口和用户界面进行测试，根据产品应该实现的实际功能和已经定义好的规格要求，来验证产品所应该具有的功能是否实现，是否满足用户的要求。

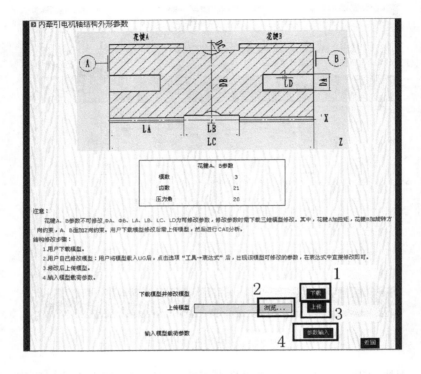

图 7-12　电机轴尺寸修改界面

通过黑盒测试主要为了发现以下错误：

（1）是否能正确地接收输入数据、正确的输出信息。

（2）是否有不正确或遗漏的功能。

（3）访问外部信息是否有错。

（4）性能上是否满足需求。

2. 测试过程

为了更客观地评价系统的合理性，邀请具有资质的第三方评测公司在局域网内部进行专门测试，测试包括用户界面测试、文档测试和功能测试等。

表 7-1 测试界面（1）

	一级界面	二级界面	三级界面	四级界面	五级界面	六级界面
主界面	首页					
	平台介绍					
	用户登录	注册界面				
	管理员登录					
	技术培训	查询界面	查询结果界面			
	实用技术	查询界面	查询结果界面			
	学术论文	查询界面	查询结果界面			
	书籍手册	查询界面	查询结果界面			

1）界面测试

表 7-1、表 7-2 列出了需要测试的界面内容。测试界面主要从格式上和设计美感对界面进行测试。测试界面是否能正常显示，是否有格式出错、文字图表太小或太大、图片显示不清晰等问题。图 7-13 为测试界面的主页面显示，图 7-14 为采煤机零部件的分析界面。

图 7-13 主页面图

表7-2　测 试 界 面（2）

一级界面	二级界面	三级界面	四级界面	五级界面	六级界面
主界面	采煤机零部件CAE分析资源	网络环境下CAE分析理论与方法	（共五个测试界面）		
		计算资源（共七个测试界面）	轴（共五个测试界面）	轴的结构设计	
				轴的强度设计	
				…	
			连接（共四个测试界面）	螺栓连接	
				…	
			…		
		数据资源（共八个测试界面）	常用物理常数	查询和重置界面	
			材料密度	查询和重置界面	
			材料静摩擦与滑动摩擦系数	查询和重置界面	
			…		
		服务资源	设计计算（共七个测试界面）		
			数据查询（共三个测试界面）		
			企业名录		
	采煤机零部件CAE分析系统（包括两种分析模式）	截割部摇臂（每个零件包括5种分析方法）	包括9个零部件分析界面	分析参数输入界面（包括五个界面）	结果查看界面（包括五个界面）
		内牵引部（每个零件包括5种分析方法）	包括9个零部件分析界面	结构参数输入界面（包括两种分析模式界面）	
		外牵引部（每个零件包括5种分析方法）	包括8个零部件分析界面		
		调高油缸（每个零件包括5种分析方法）	包括2个零部件分析界面	加载力说明界面（包括五个界面）	结果下载界面

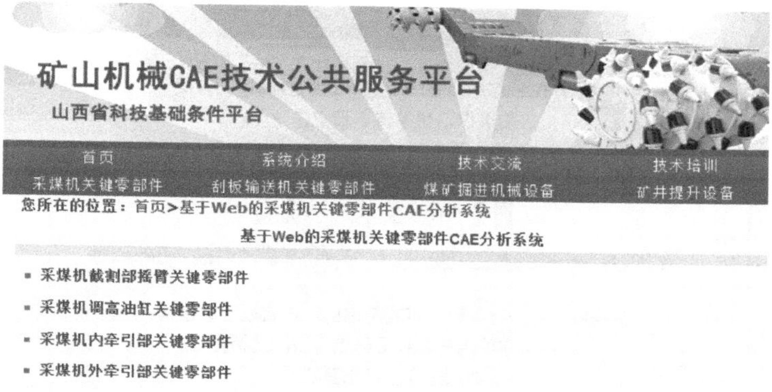

图 7-14　采煤机零部件界面

2）功能测试

功能测试主要对系统的会员注册登录、管理员登录、查询、分析等功能进行测试，主要测试是否能完成系统所要求的普通功能和专用功能。采煤机零部件 CAE 分析服务系统是矿山机械 CAE 技术公共服务平台的一部分。

（1）普通功能测试。

测试的目标是确保用户界面通过测试对象为用户提供相应的访问或浏览功能。确保用户界面符合公司或行业的标准，包括用户友好性、人性化、易操作性测试。

①登录功能。

在用户登录界面输入正确的用户名和密码，如图 7-15 所示，则弹出登录成功界面，如图 7-16 所示。输入错误会员用户名或密码，会弹出登录失败对话框，如图 7-17 所示。

图 7-15　用户登录界面

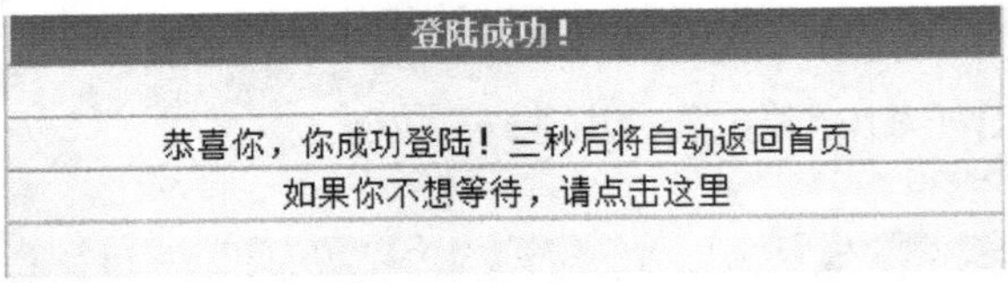

登陆成功！

恭喜你，你成功登陆！三秒后将自动返回首页
如果你不想等待，请点击这里

图 7-16 登录成功界面

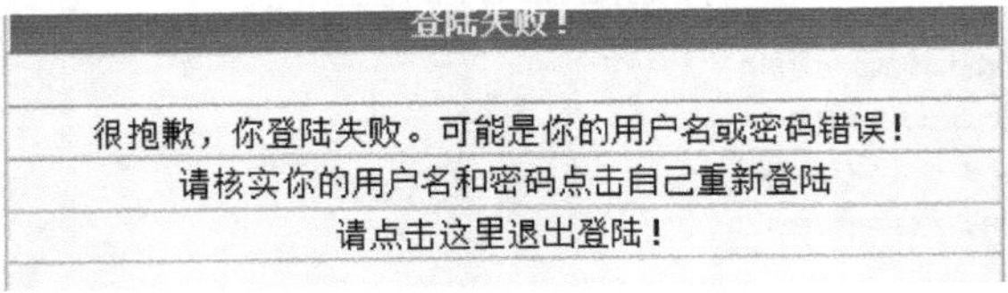

登陆失败！

很抱歉，你登陆失败。可能是你的用户名或密码错误！
请核实你的用户名和密码点击自己重新登陆
请点击这里退出登陆！

图 7-17 登录失败界面

②查询功能。

下面以企业名录为例来说明查询功能应用。企业名录界面
（图 7-18）显示出数据库中所有的资料信息，可以通过选择不同

首页　现代设计　设计评价　典型设备　常用数据　技术数据　工艺数据　机械词典　企业名录

北京时间：11:42 中午好！

企业名录

ID	单位名称	联系人	电话	联系地址	邮编	经营范围
1	太原航空仪表有限公司	田银燕	7054662,7040211	山西省太原市小店区并州南路489号	030006	敏感元件,电子衡器,汽车配件
2	双喜轮胎工业股份有限公司	赵建成	7072521,7031419	山西省太原市小店区建设南路亲贤北街3号	030006	轮胎生产
3	山西长城激光器材股份有限公司	王桂海	7085447,7074191	山西省太原市小店区南内环街212号	030012	光纤面板
4	太原第一机床厂	李存昌	7056874,7040075	山西省太原市小店区南内环街38号	030012	普通车床,龙门刨,线床,数控车床
5	山西煤矿机械制造有限责任公司	冯金水	4117458,7124705	山西省太原市小店区北营南路46号	030031	煤矿机械制造,氧气生产
6	山西永明无线电器材厂	李玉芳	2210134,7093707	山西省太原市小店区人民南路143号	030032	安类式电表
7	太原理工天成科技股份有限公司	郑勇义	6018927,6018076	太原市千峰南路湖林花园10-11号楼5层	030006	传感器与自动监控系统,企业网络信息化建设
8	太原矿山机器集团有限公司	申善鸣,刘先生	3030173,3040598	山西省太原市杏花岭区解放北路75号	030009	冶金设备制造业,矿山设备制造业,润滑设备制造业
9	山西省电力公司电力环保设备总厂	魏先生	3041256	山西省太原市杏花岭区普西街18号	030009	静电除尘器
10	山西机器制造公司	蔡春喜	2664501,3074892,8609253	山西省太原市杏花岭区小东门街新开南路12号	030012	矿山设备,卷扬机

总共 73 条　每页 10 条　1/8　1 2 3 4 ▶▶ ▶▶

【数据库扩充】【打印】【保存】

选择查询方式：经营范围▼　查询（请先输入查询关键字）

图 7-18 企业名录界面 1

页码来浏览，也可在界面下方的查询栏中输入所要查询的关键词和范围，比如在"经营范围"内要搜寻"矿山设备"，结果如图 7-19 所示。

图 7-19　企业名录界面 2

③系统提示分析完成功能。

在如图 7-20 所示采煤机截割部摇臂截一轴的分析参数输入界面中，输入参数后点击按钮形成参数文件，开始分析，如果分析未完成，点击查看结果按钮时，会显示正在分析，请等待的字样，如图 7-20 中黑框所示，如果分析完成，则点击查看结果按钮时，会显示显示分析完成，如图 7-21 中黑框所示。

④出错提示功能。

为了能更多地发现错误，对每一功能均按照输入非法值，测试是否会出现出错提示。图 7-22 所示为采煤机截割部摇臂截一轴的分析参数输入界面，网格密度系统提示选择范围为 1~10，当输入非法值 12 时，则会弹出如图 7-22 黑框所示的错误提示对话框。

（2）专用功能测试。

本系统提供采煤机关键零部件静力学分析、无预应力模态分析、有预应力模态分析、瞬态分析和谐响应分析等各种分析，因此需要对各个零部件的各种分析模式进行测试。下面以采煤机内牵引电机轴静力学分析和无预应力模态分析为例说明专用功能的测试过程。其分析模式分为全参数分析模式和 CAD 建模+APDL 命令文件模式两种。

①全参数分析模式的静力学分析。

首先选择需要分析的内牵引关键零部件界面，如图 7-23 所示。在该界面选择内牵引电机轴，进入输入结构参数界面，此界面根据结构的外形二维图标注，输入所需要的参数，如图 7-9 所示。随后将结构参数写入 APDL 文件，完成零件的参数化建模。

选择分析类型为静力学分析，进入分析参数输入界面，如图 7-10 所示，根据需要输入零件的载荷参数及材料参数。同时，用户还可以点击"加载力说明"按钮，如图 7-11 所示，查看零

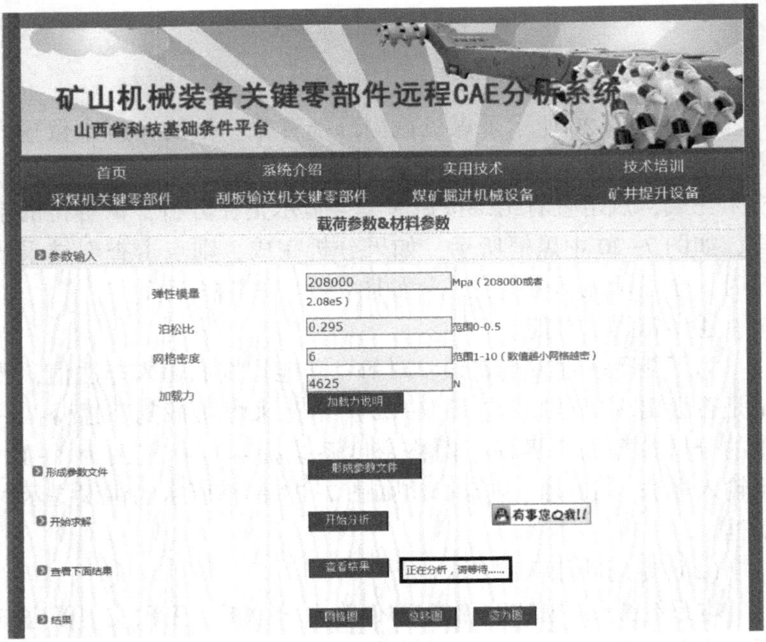

图 7-20　分析未完成显示界面

图 7-21 分析完成显示界面

图 7-22 非法值输入警告对话框

件的受力加载情况。完成参数输入后，将分析参数写入 APDL 文件，开始分析，通过后台监控查看远程主机 ANSYS 是否成功调用并且启动分析功能（图 7-24），最后查看分析结果，如图 7-25 所示。如果界面提供的结果数据客户不满意，可以下载结果文件，客户可以在客户端 ANASYS 软件中浏览。下载界面如图7-26 所示。

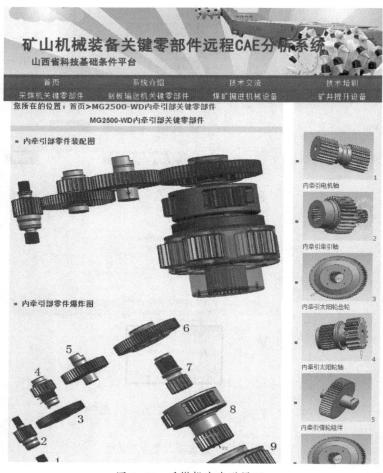

图 7-23　采煤机内牵引界面

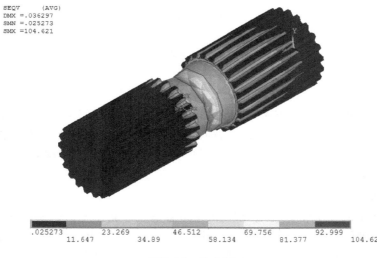

图 7-24 后台调用界面

图 7-25 应力图

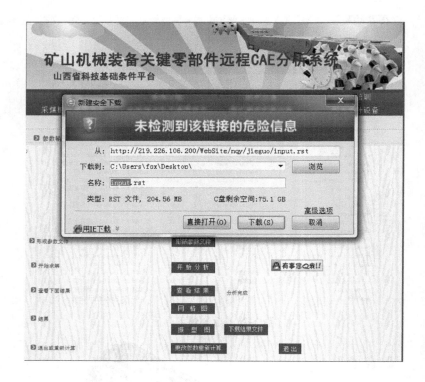

图 7-26　下载结果界面

②CAD 建模+APDL 命令文件模式的静力学分析。

采用该分析模式，用户可下载系统提供的几何模型，根据自己的需要修改尺寸，进入结构参数修改界面（图 7-12），单击图 7-12 中方框 1 的下载按钮，弹出如图 7-27 所示的下载对话框，选择模型在客服机上的放置路径。下载后客户端运行 UG 按照 $DA = 60$ mm，$DB = 55$ mm，$DC = 20$ mm，$LA = 90$ mm，$LB = 45$ mm，$LC = 225$ mm，$LD = 50$ mm 修改生产新模型，选择文件上传到服务器中。单击图 7-27 中的浏览按钮，弹出如图 7-28 所示的文件选择对话框，选择修改后的 UG 文件，单击打开按钮，在

图 7-27 浏览按钮前面的对话框中显示要上传的文件的路径，确认无误后单击图 7-12 方框 3 中的上传按钮，在界面下方显示选择的 UG 文件上传到服务器上的路径（图 7-29），表示上传成功。后面的测试过程同上。

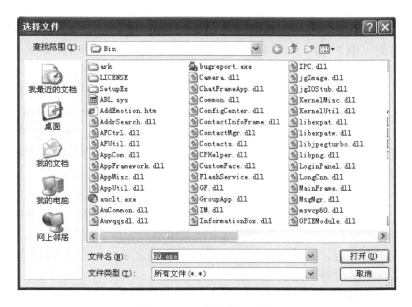

图 7-27　下载对话框

图 7-28　文件选择对话框

图 7-29　上传文件成功图

③无预应力模态分析。

首先选择需要分析的内牵引关键零部件界面，如图 7-23 所示。在该界面选择内牵引电机轴，进入输入结构参数界面，此界面可以根据客户需要输入参数，然后选择需要分析的方式为无预应力模态分析。进入分析参数输入界面，包括弹性模量、泊松比和模态阶数等参数，如图 7-30 所示。分析结束后显示分析完成界面（图 7-31），客户可以在线浏览分析结果，部分分析结果如图 7-32 所示，图中显示为振型图。

3. 测试结论

（1）系统界面显示清晰、界面中没有出现格式出错等问题。

（2）系统能实现用户注册登录、管理员登录、页面浏览、资源查询、操作错误提示等普通功能，当不输入用户名时会提示"用户名不能为空"，当输入已存在的用户名时提示"用户名已存在"。

（3）系统可以在输入正常值和边界值时，实现对采煤机零部件的分析功能，分析完成后页面显示结果图片，并且可成功下载结果分析。结果文件也能在客户端正确显示，当输入非法值，系统可实时弹出提示对话框。

7.5.2　系统应用

测试合格后，系统全面进入试用期（1 年），并重点监测某采煤机设计企业设计人员对系统的实际应用情况，主要验证分析结果的正确性。

以某型号采煤机截割部行星架（图 7-33）为对象，分别使用本系统和单机 ANASYS 分析软件进行对比试验。测试所采用的参数如下：截割部电机输出功率：750 kW，截割部电机输出转速：1480 r/min，扭矩载荷：72330 N·m。

表 7-3 为计算变形结果对比，表 7-4 所示为应力结果对比，表 7-5 为六阶无预应力模态的计算结果对比。结果表明，本系统和单机 ANASYS 软件计算结果的误差约 10%。

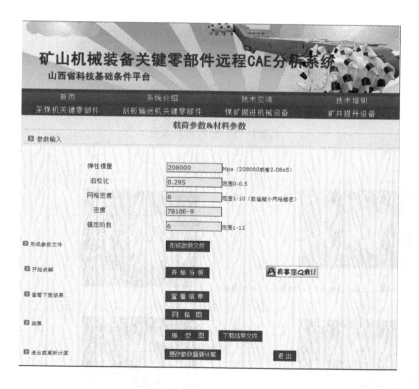

图 7-30 分析参数输入界面

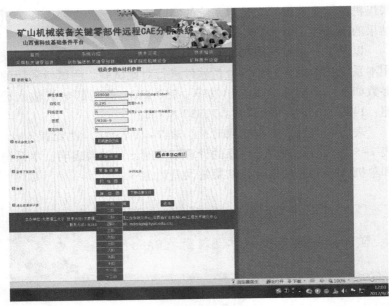

图 7-31 分析完成界面

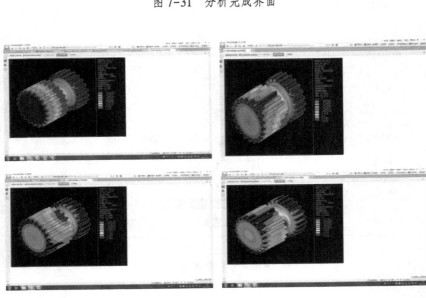

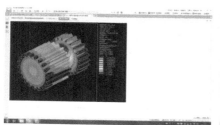 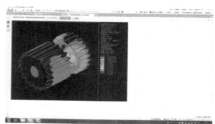

图 7-32　振型图

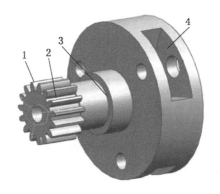

1—齿顶；2—齿根；3—阶梯轴；4—行星架

图 7-33　采煤机截割部行星架模型

表 7-3　变 形 结 果 对 比

评价指标	本系统分析结果/mm	ANASYS 分析结果/mm	误差/%
齿顶处 1	0.2097	0.1920	9.2
齿根处 2	0.1110	0.1009	10.0
阶梯轴 3 处	0.0789	0.0731	7.93
行星架 4 处	0.000072	0.000043	6.74

表 7-4　应 力 结 果 对 比

评价指标	本系统分析结果/MPa	ANASYS 分析结果/MPa	误差/%
齿顶处 1	119.27	110.4	8.0

表 7-4（续）

评价指标	本系统分析结果/MPa	ANASYS 分析结果/MPa	误差/%
齿根处 2	51.15	47.9	6.7
阶梯轴 3 处	97.22	88.7	9.6
行星架 4 处	0.071	0.065	9.2

表 7-5 六阶无预应力模态分析对比

评价指标	本方法分析结果/Hz	ANASYS 分析结果/Hz	误差/%
1st 模态	450.925	420.95	7.1
2nd 模态	451.493	424.31	6.4
3rd 模态	592.517	542.51	9.2
4th 模态	928.841	855.45	8.6
5th 模态	1106	1037.97	6.6
6th 模态	1127	1038.02	8.6

经过 1 年的试用表明：①系统界面基本保持正常；②可快速的查询所需要的设计资料，有效节省设计人员翻阅资料的时间；③一年中使用系统分析零部件近万次，分析结果与专业分析软件分析结果相近，有效减少了建模和分析时间。

7.6 小结

本章首先根据前几章的理论给出了采煤机零部件 CAE 分析服务系统的总体结构设计，包括体系结构设计和功能模块设计；详细介绍了分析系统的知识资源，包括计算资源、数据资源、服务资源及采煤机零部件 CAE 分析服务的实现过程，最后针对系统的功能、界面和管理进行了测试和试用，最终验证了系统的易操作性和有效性及系统分析结果的准确度和可靠性。

参 考 文 献

［1］ 史志远，朱真才，韩振铎．矿山机械发展探讨［J］．矿冶，2006，15
　　（1）：86-89.

［2］ 张闯英，李洪亮，张喜等．我国矿山机械的未来需求［J］．科技创新
　　导报，2011，14（1）：72-74.

［3］ 周娟利．采煤机截割部动力学仿真［D］．西安：西安科技大学机械制
　　造及其自动化，2009.

［4］ 梁慧萍，宁绍强．系统设计方法在产品开发中的应用［J］．现代制造
　　工程，2005，4（5）：141-143.

［5］ 魏学忠．现代设计方法在机械创新设计中的研究［J］．硅谷，2010，
　　4（23）：101-103.

［6］ 阎开印．基于多体系统意义下的机车车辆虚拟样机研究［D］．西安：
　　西安交通大学机械制造及其自动化，2006.

［7］ Somanchi, Sriradha et al. Advance design of lacing and breakout patterns for
　　shearer drums［J］. Transactions of the Institutions of Mining and
　　Metallurgy, Section A：Mining Technology, 2005, 114（2）：118-124.

［8］ Hoseinie, Seyed Hadi et al. Reliability analysis of drum shearer machine at
　　mechanized long wall mines［J］. Journal of Quality in Maintenance Engi-
　　neering, 2012, 18（1）：98-119.

［9］ 丁华，杨兆建．采煤机概念设计融合推理模型研究与实践［J］．煤炭
　　学报，2010，35（10）：1748-1753.

［10］ 丁华，杨兆建．面向知识工程的采煤机截割部现代设计方法与系统
　　［J］．煤炭学报，2012，37（10）：1765-1770.

［11］ 丁华，杨兆建，王义亮．基于知识工程的采煤机数字化设计系统研究
　　［J］．机械设计，2011（4）：15-19.

［12］ 李晓豁，葛怀挺．连续采煤机截齿随机载荷的数学模型［J］．中国
　　机械工程学报，2006，3（4）：262-264.

［13］ 范秋霞，杨兆建．基于实例规则的采煤机 CAE 设计知识集成［J］.
　　煤炭科学技术，2014，5（42）：84-87.

［14］ 赵丽娟，刘旭南，马联伟．基于经济截割的采煤机运动学参数优化研
　　究［J］．煤炭学报，2013，8（38）：1490-1495.

［15］ 赵丽娟，孙中刚，李国平．刨煤机牵引块可靠性分析及疲劳寿命预测

[J]. 煤炭学报, 2012, 37 (3): 516-521.

[16] 刘春生, 荆凯, 万丰. 采煤机滚筒记忆程控液压调高系统的仿真研究 [J]. 中国工程机械学报, 2007, 5 (2): 142-146.

[17] 刘春生, 杨秋, 李春华. 采煤机滚筒记忆程控截割的模糊控制系统仿真 [J]. 煤炭学报, 2008, 7 (33): 822-825.

[18] 廉自生, 刘楷安. 采煤机摇臂虚拟样机及动力学分析 [J]. 煤炭学报, 2005, 6 (30): 801-804.

[19] 顾春红, 于万钦. 面向服务的企业应用架构 [M]. 北京: 电子工业出版社, 2013.

[20] 李银胜, 柴胜廷, 等. 面向服务架构与应用 [M]. 北京: 清华大学出版社, 2009.

[21] 毛新生, 金戈, 黄若波等. SOA 原理-方法-实践 [M]. 北京: 电子工业出版社, 2007.

[22] 杜彦斌. 面向服务软件体系架构原理与范例研究 [D]. 北京: 首都经济贸易大学, 2005.

[23] Developer Works 中国. SOA and Web Service 新手入门 [EB/OL]. http://www.ibm.com/. Developer works/cn/web service/new to/index.html.

[24] Microsoft SOA Frequently Asked Questions [EB/OL]. http://www.microsoft.com/china/biztalk/soa/soafaq.mspx.

[25] Oracle. Oracle Service – Oriented Architecture [EB/OL]. http://www.oracle.com/technologies/soa/index. Html.

[26] OASIS. SOA [EB/OL]. http://www.oasispen.org/committees/tc_cat.phpcat=soa.

[27] OASIS. SOA [EB/OL]. http://www.service – architecture.com/web – services/articles/services-oriented_architecture_soa_definition.html.

[28] Loosely Coupled – Connecting with Web Services [EB/OL]. http://looselycoupled.com.

[29] 叶钰, 应时, 等. 向服务体系结构及其系统构建研究 [J]. 计算机应用研究, 2005, 5 (2): 32-34.

[30] 毛新生, 金戈. 以服务为中心的企业整合 [EB/OL]. [2008-03-03] http://www – 128.ibm.com/develo perworks/cn/webservice/ws – soi2/.

［31］ Malbotra A. An Entity－relationship Programming Language ［J］. IEEE Transactions on Softw-are Engineering, 1989, 15（9）: 1120-1129.

［32］ Bosco M F, Gibelli M. Extending Entity－relationship Systems to support Hypotheses, Constraints, Versions and documents ［J］. Information and Software Technology, 1991, 33（8）: 538-546.

［33］ Dadam P. A DBMS Prototype to Support Extended NFZ Relations: An Integrated View on Flat Tables and Hierarchies: Proceedings of the Proceeding ACM SIGMOD Conference, F, 1986 ［C］.

［34］ 陈禹六. IDEF 建模分析和设计方法 ［M］. 北京: 清华大学出版社, 1999.

［35］ D. 卡尔奇, W. 方, A. 苏. 可视化对象建模技术 ［M］. 北京: 科学出版社, 1996.

［36］ James R, Booch R. UML 参考手册 ［M］. 姚淑珍, 等译. 北京: 机械工业出版社, 2000.

［37］ Wilson C M, Shaun M L, Edwards J M. object-oriented Resource Models: their Role in Specifying Components of Integrated Manufacturing System ［J］. Computer Integrated Manufacturing System, 1996,（9）: 33-48.

［38］ Chengying L, Xiankui W, Yuchen H. Research on Manufacturing Resource Modeling Based on the O-O Method ［J］. Journal o f Materials Processing Technology, 2003,（139）: 40-43.

［39］ Changxue F, Andrew K. Constrain-based Design of Parts ［J］. Computers Aided Design, 1995, 27（5）: 343-352.

［40］ T K, M B. Design of a Manufacturing Resource Information System ［J］. Annals of the CIRP, 1996, 45（1）: 149-152.

［41］ Hiji M, Tezuka M. Modeling Manufacturing Resources based on Agent Model: Proceedings of the Autonomous Decentralized Systems, 1999 Integration of Heterogeneous Systems Proceedings The Fourth International Symposium on, Tokyo, F, 1999 ［C］.

［42］ 戴毅茹, 严隽薇, 张晓棠. 面向对象技术的资源建模方法 ［J］. 计算机集成制造系统-CIMS, 2001, 7（10）: 22-26.

［43］ 王正成, 潘晓弘, 潘旭伟. 基于蚁群算法的网络化制造资源服务链构建 ［J］. 计算机集成制造系统-CIMS, 2010, 16（1）: 174-181.

［44］ 王磊, 陈杰, 等. 机载预警雷达探测过程 UML 建模与系统实现 ［J］.

系统工程理论与实践，2013，33（8）：2156-2162.

[45] 严丽，马宗民，等. 基于关系数据库的模糊数据 XML 建模［J］. 计算机学报，2011，34（2）：291-303.

[46] 刘新亮，张昆仑，等. 高斯过程模型建模方法及在火箭弹气动分析中的应用［J］. 固体火箭技术，2010，33（5）：486-490.

[47] Raje S, Bergrmaschi R. Generalized Resource Sharing; Proceedings of the Computer-Aided Design, 1997 Digest of Technical Papers, 1997 IEEE/ACM International Conference on San Jose, CA, F, 1997［C］.

[48] Tsukada K, Shin G Distributed Tool Sharing in Flexible Manufacturing Systems: Proceedings of the Robotics and Automation, IEEE Transactions on, F, 1998［C］.

[49] 刘贵宅，于芳，等. 优先级资源共享在 RTL 综合中的实现［J］. 华南理工大学学报（自然科学版），2013，41（6）：23-27.

[50] 侯文斌，高岭，等. 基于 XML 的 Web 数据资源共享［J］. 东南大学学报（自然科学版），2012，42（11）：265-270.

[51] E Rahm, PA Bernstein. A survey of approaches to automatic schema matching［J］. The VLDB Journal, 2001 10（4）：334-350.

[52] M Ehrig, S Staab. QOM - Quick Ontology Mapping/The Semantic Web - ISWC 2004［M］. Berlin：Springer, 2004.

[53] N Choi, IY Song, H Han. A Survey on Ontology Mapping［J］. SIGMOD Record, 35（3）：34-41.

[54] SK Stoutenburg. Acquiring advanced properties in ontology mapping［C］//Proceeding of the 2nd PhD workshop on information and knowledge management, California：Napa Valley, 2008：9-16.

[55] 周翔，刘磊，范任宏. 基于模式结构分类的本体映射方法［J］. 电子学报，2011，39（4）：882-886.

[56] 秦飞巍，李路野，高曙明. 面向异构参数化特征模型检索的本体映射方法［J］. 计算机集成制造系统，2013，19（7）：1472-1483.

[57] 陈继文，杨红娟，张进生，等. 基于变型空间 FBS 本体映射的产品创新设计方法［J］. 计算机集成制造系统，2013，19（17）：2671-2679.

[58] 张必强，邢渊，阮雪榆. 分布式同步协同设计中基于三角网格模型的实时传输［J］. 中国机械工程学报，2003，13（4）：305-308.

[59] 刘云华，陈立平，钟毅. 利用设计历史实现异构 CAD 系统特征信息交换 [J]. 中国机械工程学报，2003，14（21）：1845-1847.

[60] 覃斌，阎春平，刘飞. 面向 CAD 数据重用的产品 B-rep 模型建模方法 [J]. 计算机集成制造系统，2011，17（11）：2359-2365.

[61] 傅欢，梁力，王飞，等. 采用局部凸性和八叉树的点云分割算法 [J]. 西安交通大学学报，2012，46（10）：1-6.

[62] 杜中义，肖春霞. 基于保特征无参数投影的快速几何重建. 计算机辅助设计与图形学学报，2010，22（7）：1139-1144.

[63] 辛兰兰，贾秀杰，李方义，等. 面向机电产品方案设计的绿色特征建模 [J]. 计算机集成制造系统，2012，18（4）：713-718.

[64] Huang Zheng-Dong, Xie Bo, Ma Lu-Jie, Wei Xin. Feature conversion based on Decomposition and combinat ion of swept volumes. Compute-Aided Design, 2006, 38 (8): 857-873.

[65] 张开兴，张树生，李亮. 基于蚁群算法的三维 CAD 模型检索 [J]. 计算机辅助设计与图形学学报，2011，23（4）：633-639.

[66] Buchelea Suzanne F, Crawfordb Richard H. Three-dimensional halfspace constructive solid geometry tree construction from implicit boundary represent at ions [J]. Computer-Aided Design, 2004, 36 (12): 1063-1073.

[67] Woo T C. Feature extraction by volume decomposition//Proceedings of the Conference on. CAD/CAM [J]. Cambridge, MA: MIT Press, 1982: 39-45.

[68] Hiroshi Sakurai. Volume decomposition and feature recognition, part I: Polyhedral objects [J]. Computer-AidedDesign, 1995, 27 (11): 833-843.

[69] Sakurai Hiroshi, Dave Parag. Volume decomposition and feature recognition, part II: Curve. Objects [J]. Computer-Aided Design, 1996, 28 (6-7): 519-537.

[70] Hammer M, Cham Py J. Reengineering the Corporation: a Manifesto for Business [M]. Harpoer Collins Publishers INC., 1993.

[71] 黎业飞. 面向服务的机械结构快速设计分析关键技术 [D]. 浙江：浙江大学机械与能源工程学院，2008.

[72] The SOA Source Book, http://www.opengroup.org/soa/source-book/

soa/index. htm.

[73] Service-Oriented Architecture and Enterprise Architecture, http: //www. ibm. com/developer works/web services/library/ws-soa-enterprise2.

[74] Patterns: SOA Foundation Service Creation Scenario, John Ganci et al., 2006.

[75] Wang H B, Zhang Y Q, Sunderraman R. BWH, QZY, R. S. Soft Semantic Web Services Agent: Proceedings of the Proceedings of IEEE the 2004 Annual Meeting of the North American Fuzzy Information, New York N Y, USA, F, 2004 [C].

[76] Score-Framework. The Score Service Creation Process Model. [R] Deliverable D105 Volume IRPR, December 1994.

[77] Sehuster H, Georgakopoulos D, Cicho ki A, et al. Modeling and Composing Service - based and Reference Process based Multi Enterprise Processes: Proceedings of the Proceedings of the CAISE conference, Stockholm, Fin, 2000 [C].

[78] Screen Service Creation Engineering Environment-Final Report. [R] AI-ID12 APAS, March 1999.

[79] Garschhammer M, Hauck R, Hegering G, et al. The MNM Service Model-Refined Views on Generic Service Management [J]. Journal of Communications and Networks, 2001, 3 (4): 297-306.

[80] Sinnott R, Kolberg M. Engineering Tele communication Services with SDL: Proceedings of the In Proc of Conf on Formal Methods for Open, Object based Distributed Systems (FMOODS' 99), F, 1999 [C].

[81] GarsChhammer M, Hauck R Hegering G, etal. Towards generic Service Management Concepts A Service Model Based Approach: Proceedings of the In Proc of 7th IEEE/IFIP International Symposium on Integrated Network Management (IM2001), Seattle, Washington USA, F, May 2001 [C].

[82] 韦韫. 基于面向服务架构的网络化协同制造资源重组优化研究 [D]. 南京: 南京理工大学机械制造及其自动化, 2011.

[83] Liu Yongxian, Liu Xiaotian. Research on job - shop scheduling optimized method with limited resource [J], International Journal Advanced Manufaturing Technology, DOI 10. 1007//S00170-007-1345-9.

［84］ 王国庆，王刚，吕明，等．基于 ASP 的网络化制造资源调度研究
　　　 ［J］．机械设计与制造，2008，5：213-215.

［85］ 王忠群，李钧，刘涛，等．基于遗传编程和效用最优的网格资源调度
　　　 及仿真 ［J］．系统仿真学报，2008，20（16）：4442-4445.

［86］ 房亚东，杜来红，和延立．蚁群算法及灰色理论在制造资源配置中的
　　　 应用 ［J］．计算机集成制造系统，2009，15（4）：705-711.

［87］ 刘金山，廖文和，郭宇．基于双链遗传算法的网络化制造资源优化配
　　　 置 ［J］．机械工程学报，2008，44（2）：189-95.

［88］ 孙海波．采煤机 3DVR 数字化信息平台关键技术研究 ［D］．徐州：
　　　 中国矿业大学机械工程学院，2011.

［89］ 邵俊杰．采煤机数字化建模与关键零部件有限元分析 ［D］．西安：
　　　 西安科技大学机械工程学院，2009.

［90］ 张艺．电牵引采煤机创新设计研究 ［D］．西安：长安大学机械工程
　　　 学院，2011.

［91］ 谭超．电牵引采煤机远程参数化控制关键技术研究 ［D］．徐州：中
　　　 国矿业大学机械工程学院，2009.

［92］ 陈祥恩．钻式采煤机的设计及应用研究 ［D］．徐州：中国矿业大学
　　　 机械工程学院，2009.

［93］ Tim Bemers-Lee, James Hendler, Ora Lassila. The Semantic Web. Scient-
　　　 ifically American, 2001, （5）.

［94］ SAATYT L. Multicriteria decision making：the analytic hierarchy process：
　　　 planning, priority setting, resourceal location ［M］．2nd ed. Pitfsburgh,
　　　 Cal. , USA：RWS Publications, 1980.

［95］ GRUBER T R. A translation approach to portable ontology's pacifications
　　　 ［J］. Knowledge Acquisition, 1993, 5（2）：199-220.

［96］ NOY N F, SINTEK M, DECKER S, et al. Creating semantic Web
　　　 contends with Protégé 2000 ［J］. IEEE Intelligent Systems, 2001, 16
　　　 （2）：60-71.

［97］ Maier-Speredelozzi V, Hu S, Jack. Selecting manufacturing system based
　　　 on performance using AHP ［A］. Transactions of the North American Man-
　　　 ufacturing Research institution of SME2002 ［C］, May 21－24, 2002,
　　　 West Lafayette, Indian, 2002：637-644.

［98］ M. Moitto, P. Pqppalardo, T Toio. Anew Fuzzy AHP method for the Evaluation of Automated Manufacturing System ［J］. CIRP Annals Manufacturing Technology，2002，51：395-398.

［99］ Lemaire B，Denhiere G. Effects of high-order co occurrences on word semantic similarities ［Online］，available，http：//cpl. revues. org/document471. html，December9，2011.

［100］ Sanchez D，Batet M，Valls A，Gibert K. Ontology-driven web-based semantic similarity. Journal of Intelligent Information Systems，2010，35 （3）：383-413.

［101］ CARACCIOLO C. The result of OAEI 2008 campaign ［EB/OL］. （2008-10-26）［2009-09-18］. http：//oaei. ontology-matching. org/2008/.

［102］ CESAR R S，PEDRO R C，BIJAYA K，et al. Virtual laboratory for planetary materials：System service architecture overview ［J］. Physics of the Earth and Planetary Interiors，2007，163 （8）：321-332.

［103］ F Lin，K Sandkuhl. User-Based Constrain Strategy in Ontology Matching/Ubiquitous Intelligence and Computing ［M］. Berlin：Springer，2008：5061：687-696.

［104］ J TANG，JZ LI，BY LIANG，et al. Using Bayesian decision for ontology mapping ［J］. Web Semantics：Science，Services and Agents on the World Wide Web，2006，4 （4）：243-262.

［105］ 瞿裕忠，胡伟，郑东栋，等. 关系数据库模式和本体间映射的研究综述 ［J］. 计算机研究与发展，2008，45 （2）：300-309.

［106］ 杨先娣，彭智勇，吴黎兵，等. 基于树结构的多策略本体映射算法 ［J］. 武汉大学学报 （理学版），2007，23 （3）：338-342.

［107］ 江伟光，武建伟，吴参，等. 基于本体的产品知识集成 ［J］. 浙江大学学报 （工学版），2009，4 （10）：1801-1807.

［108］ Anurag Agarwal，Selcuk Colak，Selcuk Erenguc. A Neurogenetic approach for the resource-constrained project scheduling problem. Computer& Operations Research，2011 （38）：44-50.

［109］ 曹东兴. 基于通口本体的概念设计理论 ［J］. 机械工程学报，2010，46 （17）：123-132.

［110］ 李双跃. 制造工艺资源建模技术及其在夹具设计支持系统中的应用 ［D］. 四川：四川大学机械制造及其自动化，2006.

［111］ 张太华. 机电产品知识模块本体的集成及应用研究 ［D］. 浙江：浙

江大学机械制造及其自动化，2009.

[112] 倪益华. 基于本体的制造企业知识集成技术的研究 [D]. 浙江：浙江大学机械与能源工程学院，2005.

[113] 张太华，顾新建，白福友. 基于产品知识模块本体的产品知识集成 [J]. 农业机械学报，2011，42 (5)：214-221.

[114] 姜洋，金天国，刘文剑，等. 基于本体的复杂产品设计知识优化集成 [J]. 计算机集成制造系统，2010，16 (9)：1828-1835.

[115] 罗仕鉴，朱上上. 工业设计中基于本体的产品族设计 DNA [J]. 计算机集成制造系统，2009，15 (2)：226-233.

[116] 鲁泳，廖文和，黄翔，等. 异构 CAD 系统零件库几何信息交换的研究 [J]. 机械科学技术，2004，23 (10)：1166-1168.

[117] 王慧芬，张友良，曹健. 基于特征的协同设计 [J]. 计算机辅助设计与图形报，2001，13 (4)：367.

[118] 魏巍，张连洪，徐彦伟，等. 机床结构 CAD/CAE 集成分析与逐步回归建模方法 [J]. 农业机械学报，2010，41 (6)：187-192.

[119] 宋小波. 复制式协同 CAD 基础平台研究 [D]. 安徽：合肥工业机械制造及其自动化，2009.

[120] 徐俊明. 图论及其应用 [M]. 合肥：中国科学技术大学出版社，2004.

[121] Hoffman C. M, joan-Arinyo R. CAD and the Product Master Model [J]. Computer-Aided Design, 1998, 30 (11)：905-918.

[122] 高玉琴，何云峰，于俊清. 改进的基于 AABB 包围盒的碰撞检测算法 [J]. 计算机工程与设计，2007，28 (16)：3815-3817.

[123] 王立文，刘璧瑶，韩俊伟. 一种改进 AABB 包围盒的碰撞检测算法 [J]. 计算机工程与应用，2007，43 (33)：234-236.

[124] 高军峰，徐凯声，崔劲. 一个基于包围盒技术提高光线与物体求交效率的算法 [J]. 交通与计算机，2004，22 (6)：65-67.

[125] 王晓荣. 基于 AABB 包围盒的碰撞检测算法的研究 [D]. 华中师范大学硕士学位文，2007.

[126] 梅宏，申峻嵘. 软件体系结构研究进展 [J]. 软件学报，2006，17 (6)：1257-1275.

[127] 邱清盈，机械广义优化设计的若干关键技术问题研究 [D]. 杭州：浙江大学，2000.

[128] 薛彩军, 邱清盈, 杨为. 机械结构静动态性能协同分析方法研究 [J]. 工程设计学报, 2002, (4): 183-186.

[129] 黎业飞, 邱清盈, 冯培思, 等. Internet 环境下的广义优化设计技术研究 [J]. 计算机集成制造系统-CIMS, 2003, (12): 1132-1135.

[130] 陈军峰. 提高有限元方法计算效率的若干问题 [D]. 安徽: 中国科学技术大学, 2002.

[131] ABAQUS. [EB/OL]: http://www.abaques.com.

[132] MSCSOFTWARE. [EB/OL]: http://www.mscsoftware.com.

[133] 北京 ANSYS 公司代表处. APDL 使用指南 [M]. 2000.

[134] 莫岳平, 胡敏强, 徐志科, 等. 超声马达振动模态分析方法 [J]. 扬州大学学报 (自然科学版), 2002, 15 (4): 54-58.

[135] 李龙. 五轴电火花成形机运动构件的瞬态动力学分析及结构优化 [D]. 苏州: 苏州大学机械设计及自动化, 2011.

[136] Walther S. ASP.NET 技术内幕 [M]. 马朝晖, 等译. 北京: 机械工业出版社, 2002.

[137] 杨为, 邱清盈, 胡建军. 机械结构的理论模态分析方法 [J]. 重庆大学学报 (自然科学版), 2004, 27 (6): 1-4.

[138] Bringmann O, Rosenstiel W. Resource sharing in hierarchical synthesis. Computer-Aided Design. IEEE/ACM International Conference on. San Jose, CA. 1997 [C]: 318-325.

[139] 许云翔. 面向服务架构的管理信息系统的设计与实现 [D]. 武汉: 华中科技大学软件工程, 2008.

[140] 李竞. 基于属性的 Web 服务访问控制模型 [D]. 重庆: 重庆大学计算机软件与理论, 2006.

[141] 岳昆, 王晓玲, 周傲英. Web 服务核心支撑技术: 研究综述 [J]. 软件学报, 2004, 15 (3): 428-442.

[142] 李伟平. 异构环境下协同设计研究及其在汽车产品设计中的应用 [D]. 博士学位论文, 2007.

[143] 周晓俊, 曹健, 张申生. 基于服务的 Agent 与工作流集成技术研究 [J]. 计算机集成制造系统-CIMS, 2004, 10 (3): 248-255.

[144] STEIN G, GONZALEZ A.J, Building high-performing human-like tactical agents through observation and experience [J]. IEEE Transactions on Systems, Man, and Cybernetics, Part B: Cybernetics,

2011, 41 (3): 792-804.

[145] 唐贤伦, 张衡, 李进, 等. 基于多 Agent 粒子群优化算法的电力系统经济负荷分配 [J]. 电力系统保护与控制, 2012, 40 (10): 42-47.

[146] 唐贤伦, 张衡, 周家林, 等. 多 Agent 结构的混沌 PSO 在无功优化中的应用 [J]. 电机与控制学报, 2013, 17 (6): 15-21.

[147] 许新华, 黄胜运, 唐胜群, 等. 基于 Agent 的分布式数据库查询优化研究 [J]. 计算机研究与发展, 2012, 49 (s): 216-219.

[148] 张逸, 杨洪耕, 等. 基于 Agent 的电能质量辅助服务平台 [J]. 电气自动化设备, 2012, 32 (12): 93-97.

[149] 鱼滨, 张琛, 李文静. 多 Agent 协同系统的 Pi 演算建模方法 [J]. 西安电子科技大学学报 (自然科学版), 2014, 41 (6): 88-95.

[150] 张曙. 分散网络化制造 [M]. 北京: 清华大学出版社, 2001.

[151] 乔江, 郑洪源, 丁秋林, 等. 基于 Web Service 的 EAI 实现研究 [J]. 计算机用, 2003, 23 (11): 100-102.

[152] 陈珂, 殷国富, 汪永超. 基于 ASP 模式的 CAE 远程信息化服务系统 [J]. 计算机集成制造系统, 2005, 11 (1): 53-57.

[153] 都志辉. 高性能计算并行编程技术-MPI 并行程序设计 [M]. 北京: 清华大学出版社, 2001.

[154] 杨为, 陈小安, 刘欣. 复杂结构动态特性的并行分布求解策略 [J]. 重庆大学学报 (自然科学版), 2005, 28 (12): 6-8.

[155] W3C. Web 服务 Architecture. 2005 [Online]. Available: http://www. w3. org.

[156] Al-Otaibi, Noura Meshaan, Noaman, Amin Yousef. Biological data integration using SOA [J]. World Academy of Science, Engineering and Technology, 2011, 73 (2): 920-925.

[157] Joachim, Nils, Beimborn, Daniel, Weitzel, Tim. The influence of SOA governance mechanisms on IT flexibility and service reuse [J]. Journal of Strategic Information Systems, 2013, 22 (1): 86-101.

[158] Mardiana, Araki, Keijiro, Omori, Yoichi. MDA and SOA approach to development of web application interface [C] //IEEE Region 10 Annual International Conference, Trends and Development in Converging Technology Towards 2020. TENCON: Institute of Electrical and Electronics

Engineers Inc. , 2011: 226-231.

[159] Vaidyanathan, Ravi1, Kim, Gi Tae1, Kolarov, Aleksandar1 et al. A novel cross − layer modeling framework for analyzing SOA − based information services [C] //Proceedings − IEEE Military Communications Conference MILCOM, 2011 IEEE Military Communications Conference, MILCOM: Institute of Electrical and Electronics Engineers Inc.

[160] 陈国荣. 面向服务的滚齿机故障诊断模式及关键支撑技术研究 [D]. 重庆: 重庆大学机械制造及其自动化, 2011.

[161] 李聚波. 螺旋锥齿轮网络化制造关键技术研究 [D]. 江苏: 江苏大学机械设计及理论, 2013.

[162] 潘文林. 面向事实的两层本体建模方法研究 [D]. 哈尔滨: 哈尔滨工程大学计算机科学与技术学院, 2011.

[163] 杨柳. 模糊本体建模方法及语义信息处理策略研究 [D]. 湖南: 中南大学计算机应用技术学院, 2011.

图书在版编目（CIP）数据

采煤机网络化智能设计与分析／范秋霞著．--北京：煤炭
工业出版社，2017

ISBN 978-7-5020-6047-3

Ⅰ．①采…　Ⅱ．①范…　Ⅲ．①采煤机—机械设计—计算
机辅助设计　Ⅳ．①TD421.6-39

中国版本图书馆 CIP 数据核字（2017）第 190173 号

采煤机网络化智能设计与分析

著　　者	范秋霞
责任编辑	徐　武
责任校对	孔青青
封面设计	于春颖

出版发行　煤炭工业出版社（北京市朝阳区芍药居 35 号　100029）
电　　话　010-84657898（总编室）
　　　　　010-64018321（发行部）　010-84657880（读者服务部）
电子信箱　cciph612@126.com
网　　址　www.cciph.com.cn
印　　刷　北京建宏印刷有限公司
经　　销　全国新华书店

开　　本　850mm×1168mm$^1/_{32}$　印张　5$^1/_2$　字数　141 千字
版　　次　2017 年 9 月第 1 版　2017 年 9 月第 1 次印刷
社内编号　8927　　　　　　　定价　28.00 元